Web 攻防之

业务安全
实战指南

—— 陈晓光 胡兵 张作峰 等编著 ——

电子工业出版社·
Publishing House of Electronics Industry
北京·BEIJING

内 容 简 介

业务安全漏洞作为常见的 Web 安全漏洞，在各大漏洞平台时有报道，本书是一本从原理到案例分析，系统性地介绍这门技术的书籍。撰写团队具有 10 年大型网站业务安全测试经验，成员们对常见业务安全漏洞进行梳理，总结出了全面、详细的适用于电商、银行、金融、证券、保险、游戏、社交、招聘等业务系统的测试理论、工具、方法及案例。

本书共 15 章，包括理论篇、技术篇和实践篇。理论篇首先介绍从事网络安全工作涉及的相关法律法规，请大家一定要做一个遵纪守法的白帽子，然后介绍业务安全引发的一些安全问题和业务安全测试相关的方法论，以及怎么去学好业务安全。技术篇和实践篇选取的内容都是这些白帽子多年在电商、金融、证券、保险、游戏、社交、招聘、O2O 等不同行业、不同的业务系统存在的各种类型业务逻辑漏洞进行安全测试总结而成的，能够帮助读者理解不同行业的业务系统涉及的业务安全漏洞的特点。具体来说，技术篇主要介绍登录认证模块测试、业务办理模块测试、业务授权访问模块测试、输入/输出模块测试、回退模块测试、验证码机制测试、业务数据安全测试、业务流程乱序测试、密码找回模块测试、业务接口模块调用测试等内容。实践篇主要针对技术篇中的测试方法进行相关典型案例的测试总结，包括账号安全案例总结、密码找回案例总结、越权访问案例、OAuth 2.0 案例总结、在线支付安全案例总结等。

通过对本书的学习，读者可以很好地掌握业务安全层面的安全测试技术，并且可以协助企业规避业务安全层面的安全风险。本书比较适合作为企业专职安全人员、研发人员、普通高等院校网络空间安全学科的教学用书和参考书，以及作为网络安全爱好者的自学用书。

图书在版编目（CIP）数据

Web 攻防之业务安全实战指南 / 陈晓光等编著. —北京：电子工业出版社，2018.3
ISBN 978-7-121-33581-5

Ⅰ. ①W…　Ⅱ. ①陈…　Ⅲ. ①互联网络－安全技术－指南　Ⅳ. ①TP393.408-62

中国版本图书馆 CIP 数据核字（2018）第 019878 号

责任编辑：董　英
印　　刷：北京捷迅佳彩印刷有限公司
装　　订：北京捷迅佳彩印刷有限公司
出版发行：电子工业出版社
　　　　　北京市海淀区万寿路 173 信箱　　邮编　100036
开　　本：787×980　　1/16　　印张：17.5　　字数：292 千字
版　　次：2018 年 3 月第 1 版
印　　次：2024 年 7 月第 11 次印刷
定　　价：69.00 元

凡所购买电子工业出版社图书有缺损问题，请向购买书店调换。若书店售缺，请与本社发行部联系，联系及邮购电话：（010）88254888，88258888。

质量投诉请发邮件至 zlts@phei.com.cn，盗版侵权举报请发邮件至 dbqq@phei.com.cn。

本书咨询联系方式：（010）51260888-819，faq@phei.com.cn。

前　言

"没有网络安全就没有国家安全"。当前，网络安全已被提升到国家战略的高度，成为影响国家安全、社会稳定至关重要的因素之一。

由于 Web 2.0 的兴起，基于 Web 环境的互联网应用越来越广泛，也让 Web 应用的安全技术日趋成熟。目前互联网上接连爆发的应用安全漏洞，让各大企业的安全人员、运维人员、研发及管理人员都不得不重视这一领域，并为之投入了大量的人力和物力。日渐成熟的防护产品和解决方案，让 Web 安全防护的整体环境有了很大的提升。互联网上的网站模板，大部分都自带了防 SQL 注入、跨站脚本等攻击的功能，传统的"工具党"、"小白"已很难再通过简单操作几个按钮就成功完成一次 Web 入侵。

随着互联网业务的不断发展，互联网上的商务活动也越来越多，所涉及的网络交易也越来越频繁，交易的数额也越来越庞大，引发的安全事件也越来越多。而这些安全事件的攻击者更倾向于利用业务逻辑层的安全漏洞，如互联网上曝光的"1 元购买特斯拉"、"微信无限刷红包"、"支付宝熟人可重置登录密码"等业务安全层面的漏洞。基于传统的渗透测试方法很难发现这些业务逻辑层面的问题，这类问题往往又危害巨大，可能造成企业的资产损失和名誉受损，并且传统的安全防御设备和措施对业务安全漏洞防护收效甚微。

业务安全问题在互联网上也时有报道，不算新生事物，但目前缺乏一套体系化的介绍这门技术的书籍。我们通过多年的不同行业的安全服务经验积累了大量的业务安全方面的经验，于是萌生了编写这本书的想法，把我们所有沉淀的业务安全测试经验分享给爱好网络安全事业的白帽子们，让大家一起成长，共同为国家网络安全事业贡献绵薄之力。

本书的撰写者均为轩辕攻防实验室白帽子，这些白帽子具备多年的业务安全测试经验，同时他们在国家信息安全漏洞共享平台（CNVD）报送过很多原创漏洞（2016年轩辕攻防实验室报送原创漏洞排名第二）。这些白帽子平时低调做人、高调做事，听说要编写这本书时，大家群情激奋，热烈响应，牺牲了很多的个人休息时间，经过了近一年的努力才总结完成了全面的、详细的可以适用于不同行业和不同业务系统的业务安全测试理论、工具、方法及案例。在此也感谢所有参与撰写本书的这些默默无闻，不求名、不逐利、默默分享的白帽子。在编写本书的过程中，我们也在互联网上发现了很多关于业务安全方面的经典案例，并选取了几个非常不错且比较典型的案例，经过我们整理总结后分享给各位读者，有的案例原作者已经联系上了，有个别的也无从联系了，在此也对分享这些经典案例且默默在互联网上耕耘和贡献的白帽子表示衷心的感谢和发自内心的致敬。

在内容甄选时，抛开了一些纯理论的内容，书中选取的场景案例多是作者在工作中实际遇到的问题加以改造的，目的是让读者通过对本书的学习，掌握实用的业务安全测试技术，协助企业规避业务安全层面的安全风险。

本书共 15 章，包括理论篇、技术篇和实践篇。理论篇开篇首先介绍从事网络安全工作涉及的相关法律法规，请大家一定要做一个遵纪守法的白帽子，然后介绍业务安全引发的一些安全问题和业务安全测试相关的方法论及怎么去学好业务安全。技术篇和实践篇选取的内容都是这些白帽子多年在电商、金融、证券、保险、游戏、社交、招聘、O2O 等不同行业、不同的业务系统存在的各种类型业务逻辑漏洞进行安全测试总结而成的，能够帮助读者理解不同行业的业务系统涉及的业务安全漏洞的特点。具体来说，技术篇主要介绍登录认证模块测试、业务办理模块测试、业务授权访问模块测试、输入/输出模块测试、回退模块测试、验证码机制测试、业务数据安全测试、业务流程乱序测试、密码找回模块测试、业务接口模块调用测试等内容。实践篇主要针对技术篇中的测试方法进行相关典型案例的测试总结，包括账号安全案例总结、密码找回案例总结、越权访问案例、OAuth 2.0 案例总结、在线支付安全案例总结等。

　　通过对本书的学习读者可以很好地掌握业务安全层面的安全测试技术，并且可以协助企业规避业务安全层面的安全风险。本书比较适合作为企业专职安全人员、研发人员、普通高等院校网络空间安全学科的教学用书和参考书，以及作为网络安全爱好者的自学用书。

　　由于水平有限，书中难免有不妥之处，加之网络攻防技术纵深宽广，发展迅速，在内容取舍和编排上难免考虑不周全，诚请读者批评指正。

　　参与本书编写的还有：卜宁琳、袁淏森、刘书、陈亮亮、程利明、黄泽超、吉驰、闫石坚、杨志学、张冠廷、张瑜龙、陈明、陈延飞、杨梦端。

轩辕攻防实验室负责人　张作峰

2018 年 01 月　于北京

轻松注册成为博文视点社区用户（www.broadview.com.cn），扫码直达本书页面。

- **提交勘误**：您对书中内容的修改意见可在 提交勘误 处提交，若被采纳，将
  获赠博文视点社区积分（在您购买电子书时，积分可用来抵扣相应金额）。

- **交流互动**：在页面下方 读者评论 处留下您的疑问或观点，与我们和其他读
  者一同学习交流。

页面入口：http://www.broadview.com.cn/33581

致　　谢

在出版之际，对关心和支持我们的所有朋友表示衷心的感谢。

感谢恒安嘉新（北京）科技股份公司金红董事长对编写工作的支持。

感谢中国联合网络通信有限公司信息化部林海对本书的审核和指导。

感谢国家互联网应急中心网络安全处主任严寒冰、公安部第三研究所主任徐凯、中国信息安全测评中心系统评估处任望、威客安全 CEO 陈新龙、Joinsec 创始人余弦、360 补天漏洞响应平台负责人白健、漏洞盒子创始人袁劲松的推荐语，他们是业界的标杆和大家学习的楷模。

感谢一直给予我们帮助和鼓励的同事和朋友们，他们包括但不限于：吕雪梅、刘晓蔚、刘宏杰、王小华、王幼平、赵岳磊、王兆龙、郭铁城、毛华均、胡付博、刘新鹏、金健杨等。

最后感谢互联网上默默耕耘的白帽子刘欢、horseluke、only_guest、px1624、汉时明月、牛奶坦克、猪哥靓、savior、0x 80、Rocky.Tian 等业内人士对安全攻防技术的分享。

目　　录

理论篇

技术篇

实践篇

理论篇

第1章

网络安全法律法规

    本书编写的初衷是为了增强企业的网络安全防护意识，提升网络安全从业者和相关人士的专业技能水平。本书中讨论的内容仅限于研究和学习，严禁用于任何危害网络安全的非法活动。《中华人民共和国网络安全法》于 2017 年 6 月 1 日起正式施行，作为我国网络领域的基础性法律，不仅从法律上保障了广大人民群众在网络空间的利益，有效维护了国家网络空间主权和安全，同时将严惩破坏我国网络空间的组织和个人。

    下面摘录一些网络安全相关法律法规。

中华人民共和国网络安全法

第十二条

    国家保护公民、法人和其他组织依法使用网络的权利，促进网络接入普及，提升网络服务水平，为社会提供安全、便利的网络服务，保障网络信息依法有序自由流动。

    任何个人和组织使用网络应当遵守宪法法律，遵守公共秩序，尊重社会公德，不得危害网络安全，不得利用网络从事危害国家安全、荣誉和利益，煽动颠覆国家政权、推翻社会主义制度，煽动分裂国家、破坏国家统一，宣扬恐怖主义、极端主义，宣扬民族仇恨、民族歧视，传播暴力、淫秽色情信息，编造、传播虚假信息扰乱经济秩序和社会秩序，以及侵害他人名誉、隐私、知识产权和其他合法权益等活动。

第二十七条

任何个人和组织不得从事非法侵入他人网络、干扰他人网络正常功能、窃取网络数据等危害网络安全的活动；不得提供专门用于从事侵入网络、干扰网络正常功能及防护措施、窃取网络数据等危害网络安全活动的程序、工具；明知他人从事危害网络安全活动的，不得为其提供技术支持、广告推广、支付结算等帮助。

第四十四条

任何个人和组织不得窃取或者以其他非法方式获取个人信息，不得非法出售或者非法向他人提供个人信息。

第四十六条

任何个人和组织应当对其使用网络的行为负责，不得设立用于实施诈骗，传授犯罪方法、制作或者销售违禁物品、管制物品等违法犯罪活动的网站、通信群组，不得利用网络发布涉及实施诈骗，制作或者销售违禁物品、管制物品以及其他违法犯罪活动的信息。

第四十八条

任何个人和组织发送的电子信息、提供的应用软件，不得设置恶意程序，不得含有法律、行政法规禁止发布或者传输的信息。

电子信息发送服务提供者和应用软件下载服务提供者，应当履行安全管理义务，知道其用户有前款规定行为的，应当停止提供服务，采取消除等处置措施，保存有关记录，并向有关主管部门报告。

第六十条

违反本法第二十二条第一款、第二款和第四十八条第一款规定，有下列行为之一的，由有关主管部门责令改正，给予警告；拒不改正或者导致危害网络安全等后果的，处五万元以上五十万元以下罚款，对直接负责的主管人员处一万元以上十万

3

元以下罚款:

(一)设置恶意程序的;

(二)对其产品、服务存在的安全缺陷、漏洞等风险未立即采取补救措施,或者未按照规定及时告知用户并向有关主管部门报告的;

(三)擅自终止为其产品、服务提供安全维护的。

第六十三条

违反本法第二十七条规定,从事危害网络安全的活动,或者提供专门用于从事危害网络安全活动的程序、工具,或者为他人从事危害网络安全的活动提供技术支持、广告推广、支付结算等帮助,尚不构成犯罪的,由公安机关没收违法所得,处五日以下拘留,可以并处五万元以上五十万元以下罚款;情节较重的,处五日以上十五日以下拘留,可以并处十万元以上一百万元以下罚款。

单位有前款行为的,由公安机关没收违法所得,处十万元以上一百万元以下罚款,并对直接负责的主管人员和其他直接责任人员依照前款规定处罚。

违反本法第二十七条规定,受到治安管理处罚的人员,五年内不得从事网络安全管理和网络运营关键岗位的工作;受到刑事处罚的人员,终身不得从事网络安全管理和网络运营关键岗位的工作。

第六十四条

违反本法第四十四条规定,窃取或者以其他非法方式获取、非法出售或者非法向他人提供个人信息,尚不构成犯罪的,由公安机关没收违法所得,并处违法所得一倍以上十倍以下罚款,没有违法所得的,处一百万元以下罚款。

第六十七条

违反本法第四十六条规定,设立用于实施违法犯罪活动的网站、通信群组,或者利用网络发布涉及实施违法犯罪活动的信息,尚不构成犯罪的,由公安机关处五日以下拘留，可以并处一万元以上十万元以下罚款；情节较重的，处五日以上十五日以下拘留，可以并处五万元以上五十万元以下罚款。关闭用于实施违法犯罪活动的网站、通信群组。

单位有前款行为的，由公安机关处十万元以上五十万元以下罚款，并对直接负责的主管人员和其他直接责任人员依照前款规定处罚。

中华人民共和国刑法

第二百八十五条

违反国家规定，侵入国家事务、国防建设、尖端科学技术领域的计算机信息系统的，处三年以下有期徒刑或者拘役。

违反国家规定，侵入前款规定以外的计算机信息系统或者采用其他技术手段，获取该计算机信息系统中存储、处理或者传输的数据，或者对该计算机信息系统实施非法控制，情节严重的，处三年以下有期徒刑或者拘役，并处或者单处罚金；情节特别严重的，处三年以上七年以下有期徒刑，并处罚金。

提供专门用于侵入、非法控制计算机信息系统的程序、工具，或者明知他人实施侵入、非法控制计算机信息系统的违法犯罪行为而为其提供程序、工具，情节严重的，依照前款的规定处罚。

单位犯前三款罪的，对单位判处罚金，并对其直接负责的主管人员和其他直接责任人员，依照各该款的规定处罚。

第二百八十六条

违反国家规定，对计算机信息系统功能进行删除、修改、增加、干扰，造成计算机信息系统不能正常运行，后果严重的，处五年以下有期徒刑或者拘役；后果特别严重的，处五年以上有期徒刑。

违反国家规定，对计算机信息系统中存储、处理或者传输的数据和应用程序进行删除、修改、增加的操作，后果严重的，依照前款的规定处罚。

故意制作、传播计算机病毒等破坏性程序，影响计算机系统正常运行，后果严重的，依照第一款的规定处罚。

单位犯前三款罪的，对单位判处罚金，并对其直接负责的主管人员和其他直接责任人员，依照第一款的规定处罚。

第二百八十六条之一

网络服务提供者不履行法律、行政法规规定的信息网络安全管理义务，经监管部门责令采取改正措施而拒不改正，有下列情形之一的，处三年以下有期徒刑、拘役或者管制，并处或者单处罚金：

（一）致使违法信息大量传播的；

（二）致使用户信息泄露，造成严重后果的；

（三）致使刑事案件证据灭失，情节严重的；

（四）有其他严重情节的。

单位犯前款罪的，对单位判处罚金，并对其直接负责的主管人员和其他直接责任人员，依照前款的规定处罚。

有前两款行为，同时构成其他犯罪的，依照处罚较重的规定定罪处罚。

中华人民共和国刑法修正案（七）

九、在刑法第二百八十五条中增加两款作为第二款、第三款："违反国家规定，侵入前款规定以外的计算机信息系统或者采用其他技术手段，获取该计算机信息系统中存储、处理或者传输的数据，或者对该计算机信息系统实施非法控制，情节严重的，处三年以下有期徒刑或者拘役，并处或者单处罚金；情节特别严重的，处三年以上七年以下有期徒刑，并处罚金。

提供专门用于侵入、非法控制计算机信息系统的程序、工具，或者明知他人实施侵入、非法控制计算机信息系统的违法犯罪行为而为其提供程序、工具，情节严重的，依照前款的规定处罚。

中华人民共和国刑法修正案（九）

二十八、在刑法第二百八十六条后增加一条，作为第二百八十六条之一：网络服务提供者不履行法律、行政法规规定的信息网络安全管理义务，经监管部门责令采取改正措施而拒不改正，有下列情形之一的，处三年以下有期徒刑、拘役或者管制，并处或者单处罚金：

（一）致使违法信息大量传播的；

（二）致使用户信息泄露，造成严重后果的；

（三）致使刑事案件证据灭失，情节严重的；

（四）有其他严重情节的。

单位犯前款罪的，对单位判处罚金，并对其直接负责的主管人员和其他直接责任人员，依照前款的规定处罚。

有前两款行为，同时构成其他犯罪的，依照处罚较重的规定定罪处罚。

二十九、在刑法第二百八十七条后增加两条，作为第二百八十七条之一、第二百八十七条之二：

第二百八十七条之一利用信息网络实施下列行为之一，情节严重的，处三年以下有期徒刑或者拘役，并处或者单处罚金：

（一）设立用于实施诈骗、传授犯罪方法、制作或者销售违禁物品、管制物品等违法犯罪活动的网站、通信群组的；

（二）发布有关制作或者销售毒品、枪支、淫秽物品等违禁物品、管制物品或者其他违法犯罪信息的；

（三）为实施诈骗等违法犯罪活动发布信息的。单位犯前款罪的，对单位判处罚金，并对其直接负责的主管人员和其他直接责任人员，依照第一款的规定处罚。

有前两款行为，同时构成其他犯罪的，依照处罚较重的规定定罪处罚。

第 2 章

业务安全引发的思考

2.1 行业安全问题的思考

近年来，随着信息化技术的迅速发展和全球一体化进程的不断加快，计算机和网络已经成为与所有人都息息相关的工具和媒介，个人的工作、生活和娱乐，企业的管理，乃至国家的发展和改革都无出其外。信息和互联带来的不仅仅是便利和高效，大量隐私、敏感和高价值的信息数据和资产，成为恶意攻击者攻击和威胁的主要目标，从早期以极客为核心的黑客黄金年代，到现在利益链驱动的庞大黑色产业，网络安全已经成为任何个人、企业、组织和国家所必须面对的重要问题。"网络安全和信息化是事关国家安全和国家发展、事关广大人民群众工作生活的重大战略问题，没有网络安全就没有国家安全，没有信息化就没有现代化。"

随着"互联网+"的发展，经济形态不断地发生演变。众多传统行业逐步地融入互联网并利用信息通信技术以及互联网平台进行着频繁的商务活动，这些平台（如银行、保险、证券、电商、P2P、O2O、游戏、社交、招聘、航空等）由于涉及大量的金钱、个人信息、交易等重要隐私数据，成为了黑客攻击的首要目标，而因为开发人员安全意识淡薄(只注重实现功能而忽略了在用户使用过程中个人的行为对 Web 应用程序的业务逻辑功能的安全性影响)、开发代码频繁迭代导致这些平台业务逻辑层面的安全风险层出不穷（业务逻辑漏洞主要是开发人员业务流程设计的缺陷，不仅限于网络层、系统层、代码层等。比如登录验证的绕过、交易中的数据篡改、接口的恶意调用等，都属于业务逻辑漏洞）。目前业内基于这些平台的安全风险检测一般都采用常规的渗透测试技术（主要基于 owasp top 10），而常规的渗透测试往往忽视这些平台存在的业务逻辑层面风险，业务逻辑风险往往危害更大，会造成非常严重的后果。

为何业务逻辑漏洞会成为黑客的主要攻击目标？

一方面随着社会及科技的发展，购物、社交、P2P、O2O、游戏、招聘等业务纷纷具备了在线支付功能。如电商支付系统保存了用户手机号、姓名、家庭住址，甚至包括支付的银行卡号信息、支付密码信息等，这些都是黑客感兴趣的敏感信息。相比 SQL 注入漏洞、XSS 漏洞、上传、命令执行等传统应用安全方面的漏洞，现在的攻击者更倾向于利用业务逻辑层面存在的安全问题。这类问题往往容易被开发人员忽视，同时又具有很大的危害性，例如一些支付类的逻辑漏洞可能使企业遭受巨大的财产损失。传统的安全防护设备和措施主要针对应用层面，而对业务逻辑层面的防护则收效甚微。攻击者可以利用程序员的设计缺陷进行交易数据篡改、敏感信息盗取、资产的窃取等操作。现在的黑客不再以炫耀技能为主要攻击目的，而主要以经济利益为目的，攻击的目的逐渐转变为趋利化。

另一方面，如今的业务系统对于传统安全漏洞防护的技术和设备越来越成熟，基于传统安全漏洞入侵也变得越来越困难，增加了黑客的攻击成本。而业务逻辑漏洞可以逃逸各种安全防护，迄今为止没有很好的解决办法。这也是为什么黑客偏好使用业务逻辑漏洞进行攻击的一个原因。

本书中我们将围绕业务场景中可能存在的业务安全问题介绍详细的测试方法。

2.2 如何更好地学习业务安全

想要学好业务安全，首先要掌握一套成熟的业务安全测试的方式方法，消化吸收前人总结的宝贵经验，开拓自己的安全视野。

其次需要了解目标平台的业务流程。在进行安全测试前，需要对业务的详细流程进行一次全面的梳理。可以先将业务主体划分为几个大模块，再将每个大模块逐个细分为子模块。可以从账号体系开始，如用户的注册、登录、密码找回、信息存储等，再到具体的业务办理，如商品的搜索、选择、支付、生成订单，以及订单查询和用户评论等。对整个业务流程有了一个详细的了解后，再结合前面学到的测试方法，就能更全面地把控业务流程的各个步骤可能存在的风险点。

应结合被测试对象的实际业务情况，从熟悉公司、组织的业务模式、赢利模式来着手，通过一定程度地理解被测对象的业务模式，了解信息系统所承载的业务数据流转情况，分析出业务对象、渠道，以及各业务系统前、后台业务数据的生成、传输、使用和存储方式，再针对不同的业务场景构建相应的业务安全测试模型。

建议读者尽量自己搭建每个业务场景，在自己搭建业务环境的过程中，可以熟悉业务流程和业务类型，对于自己搭建的业务环境会有更深刻的印象。

通常情况下针对电子商务类业务安全测试模型的构建应着重考虑账户、交易和支付三个重要业务相关环节，确保账户体系安全、交易体系安全、支付体系安全以及用户信息存储安全。

在实践层面，推荐使用以下两种测试技巧，以达到事半功倍的效果：

- 科学的测试方法。常规的方法有控制变量法、删减法等，如在分析平行权限跨越时，需要明白每一次步骤变的是什么，不变的是什么，控制好不同变量的变化，从而筛选出影响业务流程的参数。

- 学会使用思维导图等工具。在面对复杂的系统时，我们需要通过思维导图等工具来协助我们理清各个业务模块之间的联系，从而做到有的放矢。

如果是初学者，建议先熟悉 Web 安全的基础知识，推荐本书同系列的《Web 安全基础教程》，该教程详细介绍了 Web 安全基础、Web 安全测试方法、Web 常见漏洞、Web 安全实战演练、日常安全意识。在熟悉基础安全技能后，再结合本书的案例多进行动手实践，毕竟读万卷书，不如行万里路。

最后，希望在网络安全的道路上与君共勉，砥砺前行！

第 3 章

业务安全测试理论

3.1 业务安全测试概述

业务安全测试通常是指针对业务运行的软、硬件平台（操作系统、数据库、中间件等），业务系统自身（软件或设备）和业务所提供的服务进行安全测试，保护业务系统免受安全威胁，以验证业务系统符合安全需求定义和安全标准的过程。本书所涉及的业务安全主要是系统自身和所提供服务的安全，即针对业务系统中的业务流程、业务逻辑设计、业务权限和业务数据及相关支撑系统及后台管理平台与业务相关的支撑功能、管理流程等方面的安全测试，深度挖掘业务安全漏洞，并提供相关整改修复建议，从关注具体业务功能的正确呈现、安全运营角度出发，增强用户业务系统的安全性。

传统安全测试主要依靠基于漏洞类型的自动化扫描检测，辅以人工测试，来发现如 SQL 注入、XSS、任意文件上传、远程命令执行等传统类型的漏洞，这种方式往往容易忽略业务系统的业务流程设计缺陷、业务逻辑、业务数据流转、业务权限、业务数据等方面的安全风险。过度依赖基于漏洞的传统安全测试方式脱离了业务系统本身，不与业务数据相关联，很难发现业务层面的漏洞，企业很可能因为简单的业务逻辑漏洞而蒙受巨大损失。

3.2 业务安全测试模型

如图 3-1 所示，业务安全测试模型要素如下。

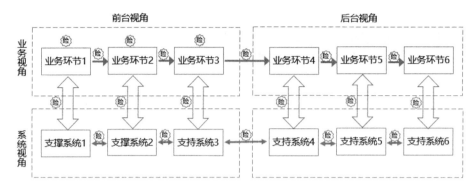

图 3-1　业务安全测试模型

- 前台视角：业务使用者（信息系统受众）可见的业务及系统视图，如平台的用户注册、充值、购买、交易、查询等业务。

- 后台视角：管理用户（信息系统管理、运营人员）可见的业务及系统视图，如平台的登录认证、结算、对账等业务。

- 业务视角：业务使用者（信息系统受众）可见的表现层视图，如 Web 浏览器、手机浏览器展现的页面及其他业务系统用户的 UI 界面。

- 系统视角：业务使用者（信息系统受众）不可见的系统逻辑层视图。

为了全面测试客户业务系统，在进行业务安全分析的时候，不能拘泥于以上测试模型，在面对不同用户的不同业务的时候，通过深入了解用户业务特点、业务安全需求，应切实地根据客户业务系统的架构，从前/后视角、业务视角与支撑系统视角划分测试对象，根据实际情况选择白灰盒或黑盒的手段进行业务安全测试。

*特别提示：

- 对于支撑系统的子系统，其调用关系有时不是简单的顺序调用，中间可能涉及重复、乱序调用的情况，需要具体系统具体分析。

- 对于前台的业务视角，在做白盒测试前，应通过用户访谈切实了解其每一个业务模块调用了哪些支撑系统模块，熟悉其调用顺序。

- 对于前台的业务视角，以手动用例测试结合安全分析工具为主。对于能够提供使用环境的管理后台业务视角，以手动用例测试结合安全分析工具为主，不能提供使用环境的管理后台业务视角测试以访谈为主。对于支撑系统视角的测试，以访谈为主。

3.3 业务安全测试流程

业务安全测试流程总体上分为七个阶段，前期工作主要以测试准备和业务调研为主，通过收集并参考业务系统相关设计文档和实际操作，与相关开发人员沟通、调研等方式熟悉了解被测系统业务内容和流程，然后在前期工作的基础上，根据业务类型进行业务场景建模，并把重要业务系统功能拆分成待测试的业务模块，进而对重要业务功能的各个业务模块进行业务流程梳理，之后对梳理后的业务关键点进行风险识别工作，这也是业务测试安全最重要的关键环节，最终根据风险点设计相应的测试用例，开展测试工作并最终输出测试报告。具体业务安全测试流程如图 3-2 所示。

图 3-2　业务安全测试流程图

流程一：测试准备

准备阶段主要包括对业务系统的前期熟悉工作，以了解被测试业务系统的数量、规模和场景等内容。针对白盒性质的测试，可以结合相关开发文档去熟悉相关系统业务；针对黑盒测试，可通过实际操作还原业务流程的方式理解业务。

流程二：业务调研

业务调研阶段主要针对业务系统相关负责人进行访谈调研，了解业务系统的整体情况，包括部署情况、功能模块、业务流程、数据流、业务逻辑以及现有的安全措施等内容。根据以往测试实施经验，在业务调研前可先设计访谈问卷，访谈后可能会随着对客户业务系统具体情况了解的深入而不断调整、更新问卷（黑盒测试此步骤可忽略）。

流程三：业务场景建模

针对不同行业、不同平台的业务系统，如电商、银行、金融、证券、保险、游戏、社交、招聘等业务系统，识别出其中的高风险业务场景进行建模。以电商系统为例，如图 3-3 所示为业务场景建模模型图。

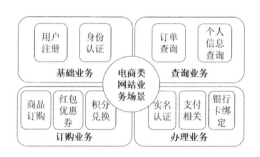

图 3-3　电商系统业务场景建模

流程四：业务流程梳理

建模完成后需要对重要业务场景的各个业务模块逐一进行业务流程梳理，从前台和后台、业务和支撑系统等 4 个不同维度进行分析，识别各业务模块的业务逻辑、业务数据流和功能字段等。

业务模块的流程梳理主要遵循以下原则：

- 区分业务主流程和分支流程，业务梳理工作是围绕主流程进行分析的，而主流程一定是核心业务流程，业务流程重点梳理的对象首先应放在核心主流程上，务必梳理出业务关键环节；

- 概括归纳业务分支流程，业务分支流程往往存在通用点，可将具有业务相似性的分支流程归纳成某一类型的业务流程，无须单独对其进行测试；

- 识别业务流程数据信息流，特别是业务数据流在交互方双方之间传输的先后顺序、路径等；

- 识别业务数据流功能字段，识别数据流中包含的重要程度不等的信息，理解这些字段的含义有助于下阶段风险点分析。

如图 3-4 所示是针对某电商类网站的用户登录功能的业务流程梳理图。

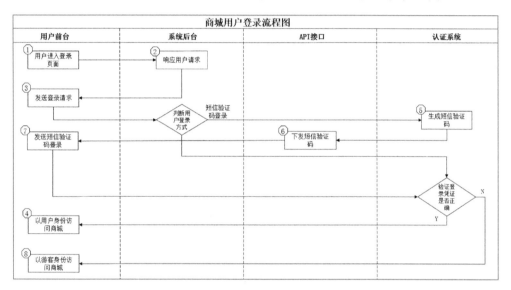

图 3-4　相关业务流程图

通过业务流程的各个阶段梳理出业务流程各个关键环节点，如图 3-5 所示。

流程五：业务风险点识别

在完成前期不同维度的业务流程梳理工作后，针对前台业务应着重关注用户界面操作每一步可能的逻辑风险和技术风险；针对后台业务应着重关注数据安全、数据流转及处理的日志和审计。

15

分析视角	业务模块	详细流程阶段	数据流方向	流程说明	相关业务数据字段
业务视角	平台商城	用户登录	1	client	用户以游客身份访问网站	
			1->2	client -> server	用户访问网站登录功能	
			2	server	服务器收到请求 生成随机登录会话id，绑定生成图片验证码	
			2->3	server -> client	服务器响应应用户请求，将会话id、图片验证码发给用户	1.图形验证码 2.验证码验id
			3	client	用户输入选择登录方式、输入登录凭据	1.登录方式 2.用户名、密码
			3->4	client -> server -> client	用户通过用户名密码方式登录，将登录凭据发送到服务器，服务器校验通过，更新服务器会话	1.登录方式 2.用户名、密码 3.认证后更新会话id
			4	client	用户以认证后身份访问网站	1.认证后更新会话id
			3->8	client -> server -> client	用户通过用户名密码方式登录，将登录凭据发送到服务器，服务器校验失败，更新服务器会话	1.相关提示信息 2.会话id
			8	client	用户仍以游客身份访问网站	1.认证后更新会话id
			3->5	client -> server	用户通过注册手机获取短信随机验证码方式登录，将手机号发送到服务器	1.用户手机号 2.图形验证码 3.验证码验id
			5	server	服务器查询手机号是否注册，若存在注册信息，则生成对应手机号验证码，若不存在注册信息，则返回	
			5->6	server -> server	服务器将手机号和对应验证码下发到短信接口	
			6	server	短信接口接收手机号和验证码	
			6->7	server -> client	短信接口向指定手机号发送短信验证码	
			7	client	用户输入获取到的短信验证码并点击登录	
			7->4	client -> server -> client	用户通过注册手机随机短信验证码方式登录，将登录凭据发送到服务器，服务器校验通过，更新服务器会话	1.用户手机号 2.短信随机码 3.验证码验id 4.认证后更新会话id
			4	client	用户以认证后身份访问网站	1.认证后更新会话id
			7->8	client -> server -> client	用户通过注册手机随机短信验证码方式登录，将登录凭据发送到服务器，服务器校验未通过，更新服务器会话	1.用户手机号 2.短信随机码 3.验证码验id 4.认证后更新会话id 5.相关提示信息
			8	client	用户仍以游客身份访问网站	1.认证后更新会话id

图 3-5 业务环节梳理结果图

业务风险点识别应主要关注以下安全风险内容。

（1）业务环节存在的安全风险

业务环节存在的安全风险指的是业务使用者可见的业务存在的安全风险，如注册、登录和密码找回等身份认证环节，是否存在完善的验证码机制、数据一致性校验机制、Session 和 Cookie 校验机制等，是否能规避验证码绕过、暴力破解和 SQL 注入等漏洞。

（2）支持系统存在的安全风险

支持系统存在的安全风险，如用户访问控制机制是否完善，是否存在水平越权或垂直越权漏洞。系统内加密存储机制是否完善，业务数据是否明文传输。系统使用的业务接口是否可以未授权访问/调用，是否可以调用重放、遍历，接口调用参数是否可篡改等。

（3）业务环节间存在的安全风险

业务环节间存在的安全风险，如系统业务流程是否存在乱序，导致某个业务环节可绕过、回退，或某个业务请求可以无限重放。业务环节间传输的数据是否有一致性校验机制，是否存在业务数据可被篡改的风险。

（4）支持系统间存在的安全风险

支持系统间存在的安全风险，如系统间数据传输是否加密、系统间传输的参数是否可篡改。系统间输入参数的过滤机制是否完善，是否可能导致 SQL 注入、XSS 跨站脚本和代码执行漏洞。

（5）业务环节与支持系统间存在的安全风险

业务环节与支持系统间存在的风险，如数据传输是否加密、加密方式是否完善，是否采用前端加密、简单 MD5 编码等不安全的加密方式。系统处理多线程并发请求的机制是否完善，服务端逻辑与数据库读写是否存在时序问题，导致竞争条件漏洞。系统间输入参数的过滤机制是否完善。

具体业务风险点识别示例如图 3-6 所示。

图 3-6　业务风险点识别

17

流程六：开展测试

对前期业务流程梳理和识别出的风险点，进行有针对性的测试工作。

流程七：撰写报告

最后是针对业务安全测试过程中发现的风险结果进行评价和建议，综合评价利用场景的风险程度和造成影响的严重程度，最终完成测试报告的撰写。

3.4 业务安全测试参考标准

本书介绍的业务安全测试方法在充分借鉴了中华人民共和国通信行业标准YD/T 3169—2016（互联网新技术新业务安全评估指南）、ISO 27002 信息安全最佳实践、Cobit IT 内控框架、PCI 数据安全标准的同时，考虑到需要进行业务安全测试的核心业务主要基于 Web，还参考了 OWASP 安全防护框架及 Microsoft Web 应用安全框架，采纳其中业务安全相关的安全性要求、检测方法、处置方法，参考实际业务系统特点及主要安全关注需求，能够为目标系统提供定制化测试。

3.5 业务安全测试要点

本书总结了十大业务安全测试关键点，如图 3-7 所示。在接下来的技术篇中，将结合案例详细介绍每个关键点的测试原理和方法、测试过程和修复建议。

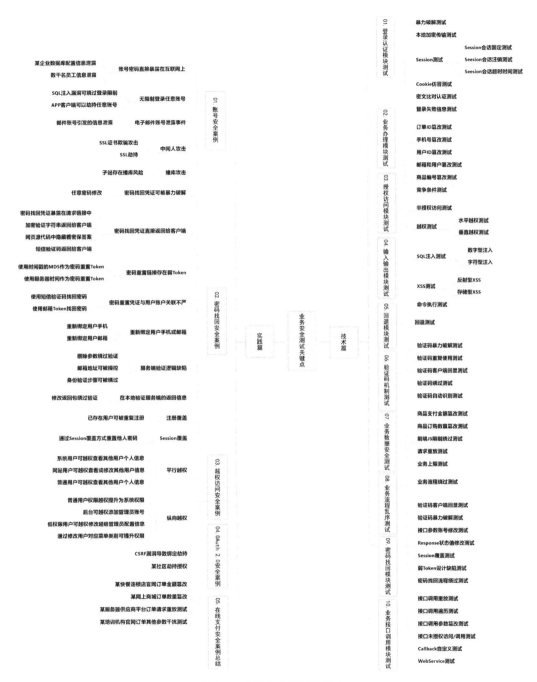

图 3-7　业务安全测试关键点

技术篇

第4章

登录认证模块测试

4.1 暴力破解测试

4.1.1 测试原理和方法

暴力破解测试是指针对应用系统用户登录账号与密码进行的穷举测试，针对账号或密码进行逐一比较，直到找出正确的账号与密码。

一般分为以下三种情况：

- 在已知账号的情况下，加载密码字典针对密码进行穷举测试；

- 在未知账号的情况下，加载账号字典，并结合密码字典进行穷举测试；

- 在未知账号和密码的情况下，利用账号字典和密码字典进行穷举测试。

4.1.2 测试过程

使用手工或工具对系统登录认证的账号及密码进行穷举访问测试，根据系统返回的数据信息来判别账号及密码是否正确。测试流程如图 4-1 所示。

步骤一：对浏览器进行 HTTP 代理配置，将浏览器访问请求指向 Burp Suite 工具默认的监听端口（这里以火狐浏览器为例）。

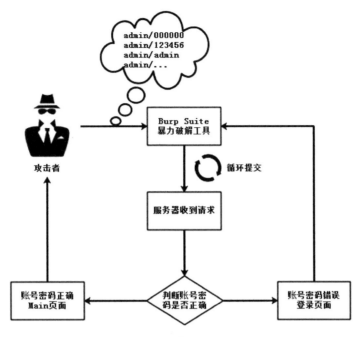

图 4-1　暴力破解测试流程图

（1）打开火狐浏览器，在页面中单击右上角的"打开菜单"按钮，然后在下拉框中单击"选项"按钮进入火狐浏览器选项页面，如图 4-2 所示。

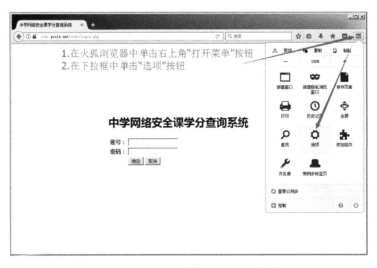

图 4-2　进入火狐浏览器选项功能页面

23

（2）在火狐浏览器选项页面中单击"高级"按钮，选择"网络"选项卡，在连接项中单击"设置"按钮，进入火狐浏览器"连接设置"界面，如图 4-3 所示。

图 4-3 进入火狐浏览器"连接设置"界面

（3）进入"连接设置"界面后将连接方式选择为"手动配置代理"，在 HTTP 代理框中填写"127.0.0.1"，在端口框中填写"8080"，最后单击"确定"按钮确定配置信息，如图 4-4 所示。

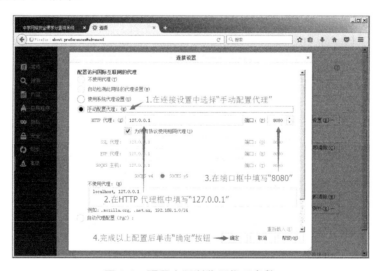

图 4-4 配置火狐浏览器代理参数

步骤二：使用 Burp Suite 工具获取浏览器登录请求，并将登录请求数据发送至 Intruder 选项卡中（这里使用 Burp Suite 1.7.11 版本）。

（1）在 Burp Suite 页面中选择"Proxy"选项卡，然后再次选择"Intercept"子选项卡，在该选项卡界面中将"Intercept"按钮设置为"Intercept is on"，此时火狐浏览器发送的请求数据会被 Burp Suite 工具截断，如图 4-5 所示。

图 4-5　将 Burp Suite 工具中 Proxy 模块数据包拦截功能开启

从图 4-5 我们可以看到 Proxy 的 Intercept 选项卡中对应有四个选项按钮，下面分别来讲解一下。

- Forward：将当前 Proxy 拦截到的数据包进行转发。

- Drop：将当前 Proxy 拦截到的数据包进行丢弃。

- Intercept is on：单击之后，将关闭 Burp Suite 的拦截功能。但是所有 HTTP 请求还是经过 Burp Suite，我们可以在 HTTP history 选项卡中看到。

- Action：我们可以进行其他更多的操作，发送到 Intruder 等其他 Burp Suite 模块，以便进行重复测试或者暴力破解。

（2）在火狐浏览器中填写要暴力破解的账号信息及任意密码信息，单击"确定"

25

按钮提交信息，如图 4-6 所示。

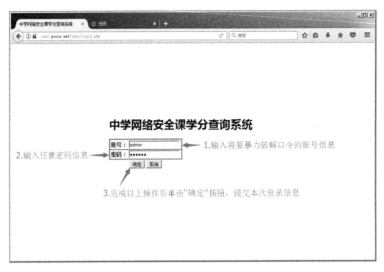

图 4-6　输入将要暴力破解账号口令并提交

（3）当火狐浏览器将登录请求数据提交后，会被 Burp Suite Proxy 模块截断，在截断数据界面中使用鼠标右击，在弹出菜单中选择"Send to Intruder"，Burp Suite 会将该请求数据分发给 Intruder 模块，如图 4-7 所示。

图 4-7　截获浏览器请求数据并将请求数据分发给 Intruder 模块

步骤三：使用 Burp Suite 工具中的 Intruder 模块进行破解参数配置，运行破解任务并成功破解系统账号口令。

（1）在 Intruder 模块中选择 Positions 选项卡，单击"Clear"按钮清除相关默认参数值前后的"§"标记符号，如图 4-8 所示。

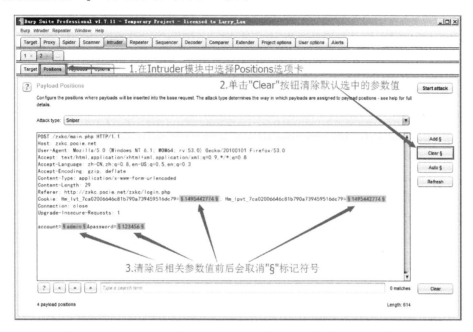

图 4-8　在 Intruder 模块中的 Positions 选项卡中清除默认参数值标记

（2）用鼠标选中请求数据页面中的 password 参数值（所要进行暴力破解的密码值），并单击"Add §"按钮进行位置标记，如图 4-9 所示。

（3）选择 Payloads 选项卡，然后单击"Load items form file"，在弹出对话框中选择暴力破解密码文件并单击"打开"按钮，将破解密码列表导入后单击"Start attack"按钮开始暴力破解测试，如图 4-10 所示。

（4）在暴力破解测试窗口"Intruder attack 1"中可根据 Length 属性值长度的不同来判断暴力破解密码是否成功，也可通过查看 Response 返回信息或者 Status 返回状态的不同来判断破解密码是否成功，如图 4-11 所示。

图 4-9　选择并标记所要暴力破解的参数值

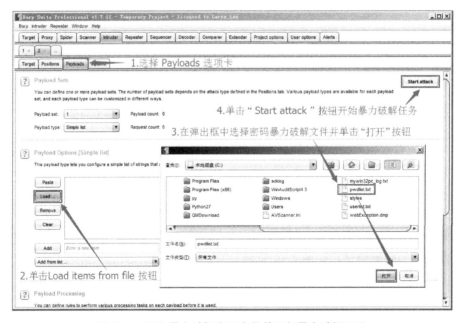

图 4-10　导入暴力破解密码文件并运行暴力破解测试

图 4-11　根据返回结果判断暴力破解密码是否成功

（5）通过 Burp Suite 工具暴力破解成功的密码来尝试系统登录（本系统为作者自己搭建的系统），如图 4-12 所示。

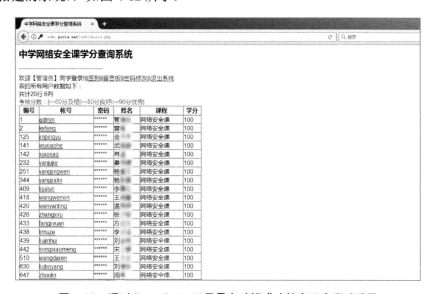

图 4-12　通过 Burp Suite 工具暴力破解成功的密码来尝试登录

4.1.3　修复建议

（1）增加验证码，登录失败一次，验证码变换一次。

（2）配置登录失败次数限制策略，如在同一用户尝试登录的情况下，5 分钟内连续登录失败超过 6 次，则禁止此用户在 3 小时内登录系统。

（3）在条件允许的情况下，增加手机接收短信验证码或邮箱接收邮件验证码，实现双因素认证的防暴力破解机制。

4.2　本地加密传输测试

4.2.1　测试原理和方法

本机加密传输测试是针对客户端与服务器的数据传输，查看数据是否采用 SSL（Security Socket Layer，安全套接层）加密方式加密。

4.2.2　测试过程

测试验证客户端与服务器交互数据在网络传输过程中是否采用 SSL 进行加密处理，加密数据是否可被破解。测试流程如图 4-13 所示。

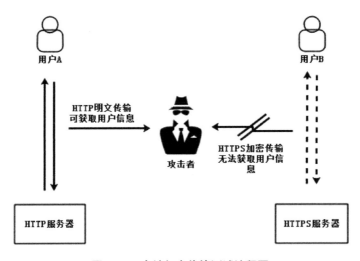

图 4-13　本地加密传输测试流程图

步骤一：使用 Wireshark 网络抓包工具，选择与公网连接的本地网卡并开启对网卡流量数据的捕获功能，如图 4-14 所示。

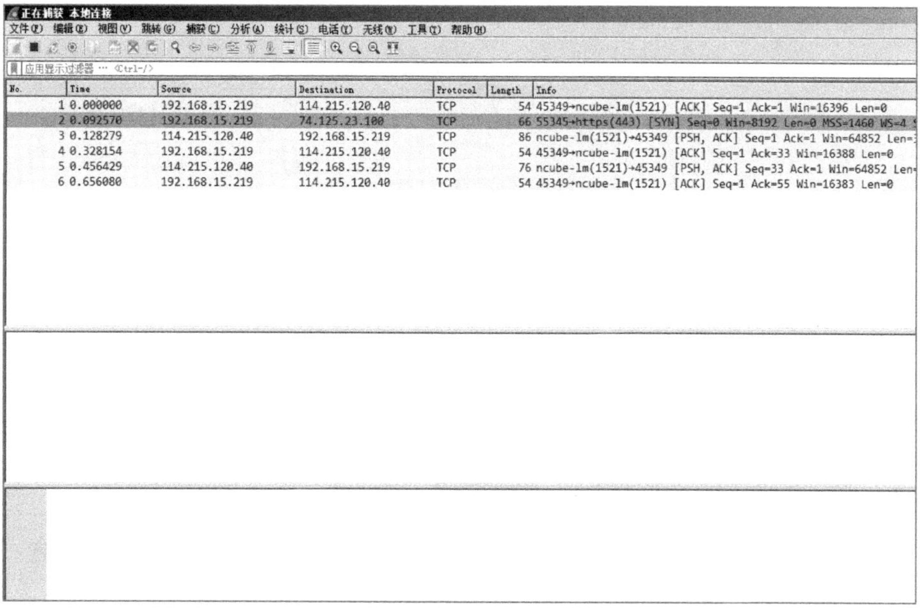

图 4-14 使用 Wireshark 网络抓包工具对本地网卡进行数据捕获

步骤二：在浏览器中访问要测试的 HTTPS 协议网站，并输入用户名及密码进行登录操作，如图 4-15 所示。

图 4-15 在 Wireshark 捕获状态下对 HTTPS 测试网站进行登录操作

步骤三：在 Wireshark 工具捕获流中找到对应 HTTPS 测试网站登录的请求数据包，对该请求包内容进行分析，判断测试网站交互数据是否真正加密，如图 4-16 所示。

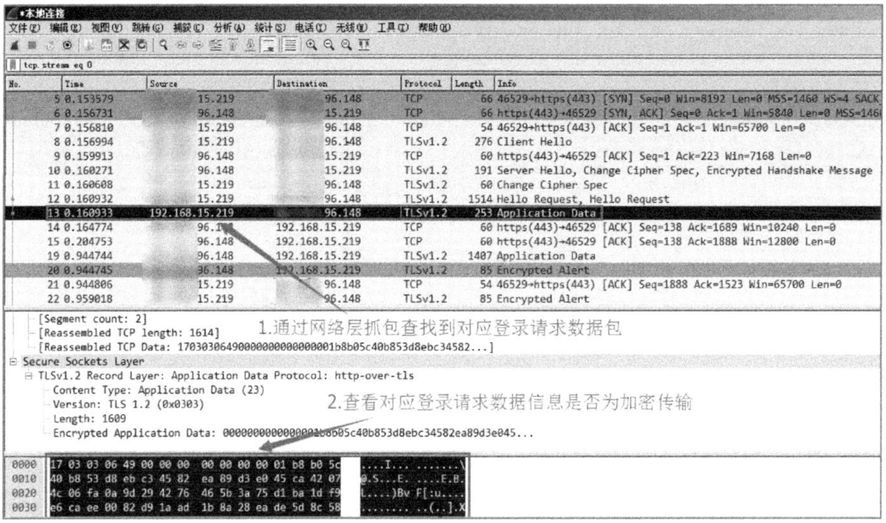

图 4-16 在 Wireshark 工具捕获流中找到对应 HTTPS 测试网站并查看数据是否加密

4.2.3 修复建议

在架设 Web 应用的服务器上部署有效的 SSL 证书服务。

4.3 Session 测试

4.3.1 Session 会话固定测试

4.3.1.1 测试原理和方法

Session 是应用系统对浏览器客户端身份认证的属性标识，在用户退出应用系统时，应将客户端 Session 认证属性标识清空。如果未能清空客户端 Session 标识，在下次登录系统时，系统会重复利用该 Session 标识进行认证会话。攻击者可利用该漏洞生成固定 Session 会话，并诱骗用户利用攻击者生成的固定会话进行系统登录，从而导致用户会话认证被窃取。

4.3.1.2 测试过程

在注销退出系统时，对当前浏览器授权 SessionID 值进行记录。再次登录系统，将本次授权 SessionID 值与上次进行比对校验。判断服务器是否使用与上次相同的 SessionID 值进行授权认证，若使用相同 SessionID 值则存在固定会话风险。测试流程如图 4-17 所示。

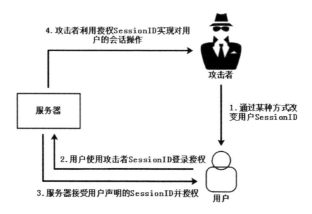

图 4-17 Session 会话固定测试流程图

步骤一：在已登录授权认证的页面中单击"退出系统"，如图 4-18 所示。

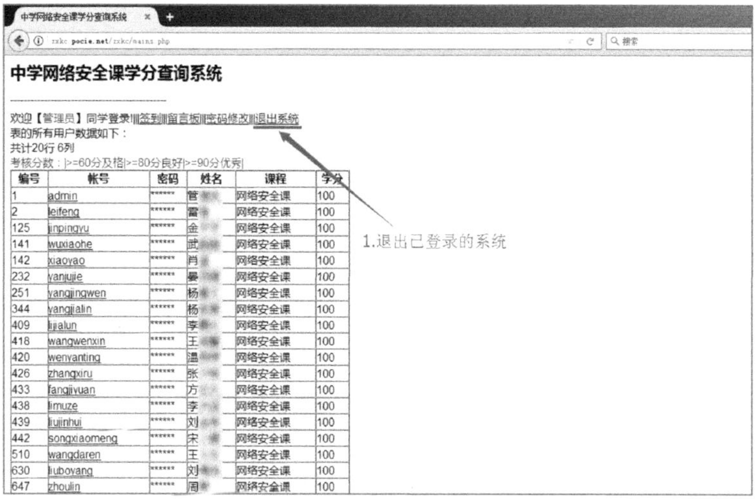

图 4-18 单击并退出已登录授权认证的系统

步骤二：使用 Burp Suite 工具对本次退出系统的请求数据进行截取，对本次授权的 SessionID 进行记录备份，如图 4-19 所示。

图 4-19　在退出系统前抓包将 SessionID 值进行记录备份

步骤三：退出系统后，再次重新登录系统，如图 4-20 所示。

图 4-20　退出系统后再次重新登录系统

步骤四：使用 Burp Suite 工具对本次登录授权请求数据进行截取，并将本次登录与上次登录的授权 SessionID 值进行比较，判断是否相同，如图 4-21 所示。

图 4-21　将两次登录 SessionID 值进行判断对比

4.3.1.3　修复建议

在客户端登录系统时，应首先判断客户端是否提交浏览器的留存 Session 认证会话属性标识，客户端提交此信息至服务器时，应及时销毁浏览器留存的 Session 认证会话，并要求客户端浏览器重新生成 Session 认证会话属性标识。

4.3.2　Session 会话注销测试

4.3.2.1　测试原理和方法

Session 是应用系统对浏览器客户端身份认证的属性标识，在用户注销或退出应用系统时，系统应将客户端 Session 认证属性标识清空。如果未能清空 Session 认证会话，该认证会话将持续有效，此时攻击者获得该 Session 认证会话会导致用户权限被盗取。

4.3.2.2　测试过程

该项测试主要在用户注销退出系统授权后，判断授权认证 SessionID 值是否依然有效。若授权认证 SessionID 依然有效则存在风险。测试流程如图 4-22 所示。

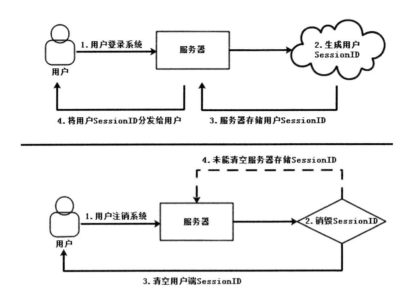

图 4-22　Session 会话注销测试流程图

步骤一：对已登录授权的系统页面使用 Burp Suite 工具进行请求数据截取，将数据包中 Session 认证参数值进行保存记录，如图 4-23、图 4-24 所示。

图 4-23　已登录授权的系统页面

图 4-24　使用 Burp Suite 工具截取登录认证 Session 信息并进行保存记录

步骤二：在数据截取窗口中使用鼠标右击，在弹出菜单中选择"Send Repeater"，将请求数据发送至 Repeater 模块中，如图 4-25 所示。

图 4-25　将请求数据信息转发至 Repeater 模块中

步骤三：在已授权的页面中退出系统，如图 4-26 所示。

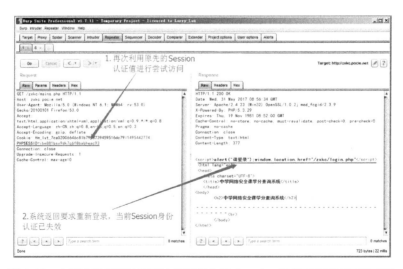

图 4-26　在系统授权页面中退出系统

步骤四：在 Repeater 模块相应授权数据信息页面中单击"GO"按钮，再次发送授权访问请求并查看系统是否对退出后的用户授权 Session 进行解除授权，如图 4-27 所示。

图 4-27　在用户退出系统后再次使用原先的 Session 访问系统要求重新登录

4.3.2.3 修复建议

在用户注销或退出应用系统时，服务器应及时销毁 Session 认证会话信息并清空客户端浏览器 Session 属性标识。

4.3.3 Session 会话超时时间测试

4.3.3.1 测试原理和方法

在用户成功登录系统获得 Session 认证会话后，该 Session 认证会话应具有生命周期，即用户在成功登录系统后，如果在固定时间内（例如 10 分钟）该用户与服务器无任何交互操作，应销毁该用户 Session 认证会话信息，要求用户重新登录系统认证。

4.3.3.2 测试过程

对系统会话授权认证时长进行测试，并根据系统承载的业务需求来分析判断当前系统会话授权认证时间是否过长。测试流程如图 4-28 所示。

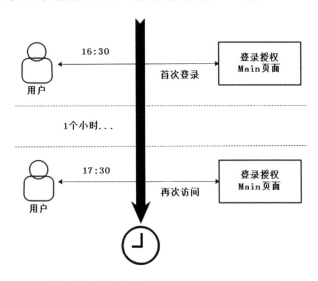

图 4-28 Session 会话超时时间测试流程图

步骤一：对已登录授权的系统页面使用 Burp Suite 工具进行请求数据截取，将数据包中 Session 认证参数值进行保存记录，如图 4-29、图 4-30 所示。

图 4-29　已登录授权的系统页面

图 4-30　使用 Burp Suite 工具截取登录认证 Session 信息并进行保存记录

　　步骤二：在数据截取窗口中使用鼠标右击，在弹出菜单中选择"Send Repeater"，将请求数据发送至 Repeater 模块中，如图 4-31 所示。

图 4-31　将请求数据信息转发至 Repeater 模块中

　　步骤三： 在此后 30 分钟内不再使用该授权会话与服务器进行交互访问。30 分钟过后在 Repeater 模块相应授权数据信息页面中单击"GO"按钮，再次发送授权访问请求并查看系统返回结果是否存在授权后可查阅的特殊信息，如图 4-32、图 4-33 所示。

图 4-32　对授权成功的 Session 值进行首次访问

图 4-33　时隔 30 分钟后再次发送请求（系统仍然返回用户特殊信息）

4.3.3.3　修复建议

对每个生成的 Session 认证会话配置生命周期（常规业务系统建议 30 分钟内），从而有效降低因用户会话认证时间过长而导致的信息泄露风险。

4.4　Cookie 仿冒测试

4.4.1　测试原理和方法

服务器为鉴别客户端浏览器会话及身份信息，会将用户身份信息存储在 Cookie 中，并发送至客户端存储。攻击者通过尝试修改 Cookie 中的身份标识，从而达到仿冒其他用户身份的目的，并拥有相关用户的所有权限。

4.4.2　测试过程

对系统会话授权认证 Cookie 中会话身份认证标识进行篡改测试，通过篡改身份认证标识值来判断能否改变用户身份会话。测试流程如图 4-34 所示。

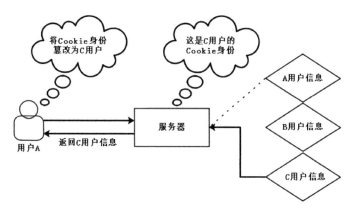

图 4-34　Cookie 仿冒测试流程图

步骤一：使用 leifeng 账号登录系统并进行浏览器页面刷新，如图 4-35 所示。

编号	帐号	密码	姓名	课程	学分
1	admin	******	管	网络安全课	100
2	leifeng	******	雷	网络安全课	100
125	jinpingyu	******	金	网络安全课	100
141	wuxiaohe	******	武	网络安全课	100
142	xiaoyao	******	肖	网络安全课	100
232	yanjujie	******	晏	网络安全课	100
251	yangjingwen	******	杨	网络安全课	100
344	yangjialin	******	杨	网络安全课	100
409	lijialun	******	李	网络安全课	100
418	wangwenxin	******	王	网络安全课	100
420	wenyanting	******	温	网络安全课	100
426	zhangxiru	******	张	网络安全课	100
433	fangjiyuan	******	方	网络安全课	100
438	limuze	******	李	网络安全课	100
439	liujinhui	******	刘	网络安全课	100
442	songxiaomeng	******	宋	网络安全课	100
510	wangdaren	******	王	网络安全课	100
630	liuboyang	******	刘	网络安全课	100
647	zhoulin	******	周	网络安全课	100

图 4-35　使用学生账号 leifeng 登录系统

步骤二：使用 Burp Suite 工具对本次页面刷新请求数据进行截取，并将请求数据 Cookie 中的 userid 值修改为"admin"进行提交，如图 4-36 所示。

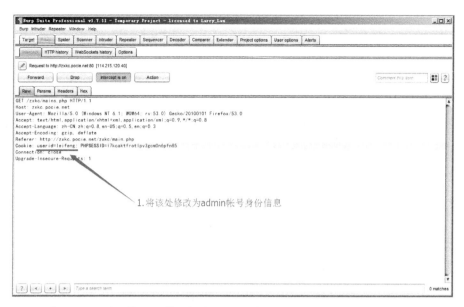

图 4-36　再次刷新页面并抓包将 Cookie 中 userid 身份认证标识进行篡改

步骤三：查看提交后的返回信息，账号身份授权被修改，如图 4-37 所示。

图 4-37　通过篡改 userid 身份标识改变登录系统人员身份信息

4.4.3 修复建议

建议对客户端标识的用户敏感信息数据，使用 Session 会话认证方式，避免被他人仿冒身份。

4.5 密文比对认证测试

4.5.1 测试原理和方法

在系统登录时密码加密流程一般是先将用户名和密码发送到服务器，服务器会把用户提交的密码经过 Hash 算法加密后和数据库中存储的加密值比对，如果加密值相同，则判定用户提交密码正确。

但有些网站系统的流程是在前台浏览器客户端对密码进行 Hash 加密后传输给服务器并与数据库加密值进行对比，如果加密值相同，则判定用户提交密码正确。此流程会泄漏密码加密方式，导致出现安全隐患。

4.5.2 测试过程

对系统敏感数据加密流程进行测试，判断加密过程或方式是否为客户端加密方式。测试流程如图 4-38 所示。

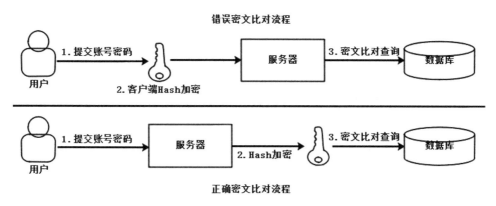

图 4-38 密文对比认证测试流程图

步骤一：通过 Burp Suite 工具抓包并根据页面代码分析后证实登录传输口令使用 Hash MD5 加密算法加密。

（1）通过 Burp Suite 工具抓包查看 Web 系统登录提交密码为加密后的密文传输，如图 4-39 所示。

图 4-39　使用 Burp Suite 工具抓包证实 Web 系统登录口令为 MD5 加密传输

（2）通过对页面代码分析得出 Web 系统登录口令加密处理过程是由本地 JS 脚本来完成的，方式为 Hash MD5 算法加密，如图 4-40 所示。

步骤二：在利用 Burp Suite 工具进行暴力破解测试配置中添加配置项"Payload Processing"，将要破解的密码值进行数据处理转换。

（1）在暴力破解 Payload 选项卡 Payload Processing 中单击"Add"按钮，在弹出对话框中按顺序选择"Hash"及"MD5"并单击"OK"按钮，如图 4-41 所示。

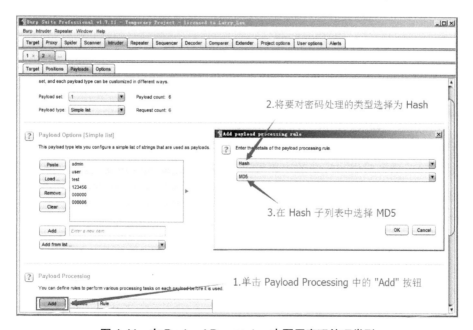

```
/*
 * JavaScript MD5 1.0.1
 * https://github.com/blueimp/JavaScript-MD5
 *
 * Copyright 2011, Sebastian Tschan
 * https://blueimp.net
 *
 * Licensed under the MIT license:
 * http://www.opensource.org/licenses/MIT
 *
 * Based on
 * A JavaScript implementation of the RSA Data Security, Inc. MD5 Message
 * Digest Algorithm, as defined in RFC 1321.
 * Version 2.2 Copyright (C) Paul Johnston 1999 - 2009
 * Other contributors: Greg Holt, Andrew Kepert, Ydnar, Lostinet
 * Distributed under the BSD License
 * See http://pajhome.org.uk/crypt/md5 for more info.
 */

/*jslint bitwise: true */
/*global unescape, define */

(function ($) {
    'use strict';

    /*
     * Add integers, wrapping at 2^32. This uses 16-bit operations internally
     * to work around bugs in some JS interpreters.
     */
    function safe_add(x, y) {
        var lsw = (x & 0xFFFF) + (y & 0xFFFF),
            msw = (x >> 16) + (y >> 16) + (lsw >> 16);
        return (msw << 16) | (lsw & 0xFFFF);
    }

    /*
```

图 4-40　分析得出系统密码加密方式为本地 MD5 算法加密

图 4-41　在 Payload Processing 中配置密码处理类型

47

（2）Payload Processing 配置完成后单击"Start attack"按钮开始暴力破解测试，通过 Payload Processing 将所有明文密码进行 MD5 转换后进行了暴力破解登录测试并成功破解，如图 4-42 所示。

图 4-42　通过 Payload Processing 配置成功破解密码

4.5.3　修复建议

将密码加密过程及密文比对过程放置在服务器后台执行。发送用户名和密码到服务器后台，后台对用户提交的密码经过 MD5 算法加密后和数据库中存储的 MD5 密码值进行比对，如果加密值相同，则允许用户登录。

4.6　登录失败信息测试

4.6.1　测试原理和方法

在用户登录系统失败时，系统会在页面显示用户登录的失败信息，假如提交账号在系统中不存在，系统提示"用户名不存在"、"账号不存在"等明确信息；假如提交账号在系统中存在，则系统提示"密码/口令错误"等间接提示信息。攻击者可根据此类登录失败提示信息来判断当前登录账号是否在系统中存在，从而进行有针对性的暴力破解口令测试。

4.6.2　测试过程

针对系统返回不同的登录失败提示信息进行逻辑分析，判断是否能通过系统返回的登录失败信息猜测系统账号或密码。测试流程如图 4-43 所示。

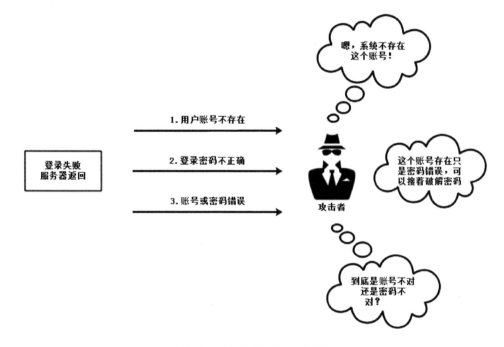

图 4-43　登录失败信息测试流程图

步骤一：在系统登录页面中输入不存在的账号信息并提交，系统会返回明确语句"用户名不存在"，如图 4-44 所示。

步骤二：在系统登录页面中输入存在的账号信息及错误密码提交后，系统返回语句间接地提示了该账号的"密码/口令错误"，如图 4-45 所示。

图 4-44　系统返回信息并明确提示登录账号不存在

图 4-45　系统间接地提示该账号密码错误

4.6.3　修复建议

对系统登录失败提示语句表达内容进行统一的模糊描述，从而提高攻击者对登录系统用户名及密码的可猜测难度，如"登录账号或密码错误"、"系统登录失败"等。

第 5 章

■■■

业务办理模块测试

5.1 订单 ID 篡改测试

5.1.1 测试原理和方法

在有电子交易业务的网站中，用户登录后可以下订单购买相应产品，购买成功后，用户可以查看订单的详情。当开发人员没有考虑登录后用户间权限隔离的问题时，就会导致平行权限绕过漏洞。攻击者只需注册一个普通账户，就可以通过篡改、遍历订单 id，获得其他用户订单详情，其中多数会包括用户的姓名、身份证、地址、电话号码等敏感隐私信息。黑色产业链中的攻击者通常会利用此漏洞得到这些隐私信息。

5.1.2 测试过程

攻击者注册一个普通账户，然后篡改、遍历订单 ID，获得其他用户订单详情。测试流程如图 5-1 所示。

假设某保险网站存在平行权限绕过漏洞。

登录网站后，访问如下漏洞 url，修改参数 policyNo 的值，可以遍历获得他人保单内容，其中包含很多敏感隐私信息。

```
http://xxxxx.com/SL_LES/
```

policyDetailInfo.do?policyNo=P000000018446847

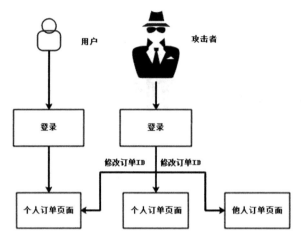

图 5-1　订单 ID 篡改测试流程图

步骤一：登录"李先生"账号（测试），查看本人保单，如图 5-2 所示。

图 5-2　查看保单

步骤二：抓包修改保单号，即可越权查看他人保单内容，如图 5-3、图 5-4、图 5-5 所示。

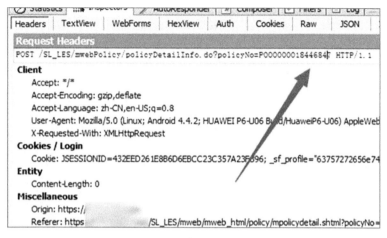

图 5-3　抓包修改保单号

图 5-4　他人保单

图 5-5　他人保单

在返回的数据包中，包含全部在界面中被隐藏的身份证号等敏感信息，如图 5-6 所示。

图 5-6　查看隐藏的敏感信息

可能涉及 1800 多万的保单信息泄露，如图 5-7 所示。

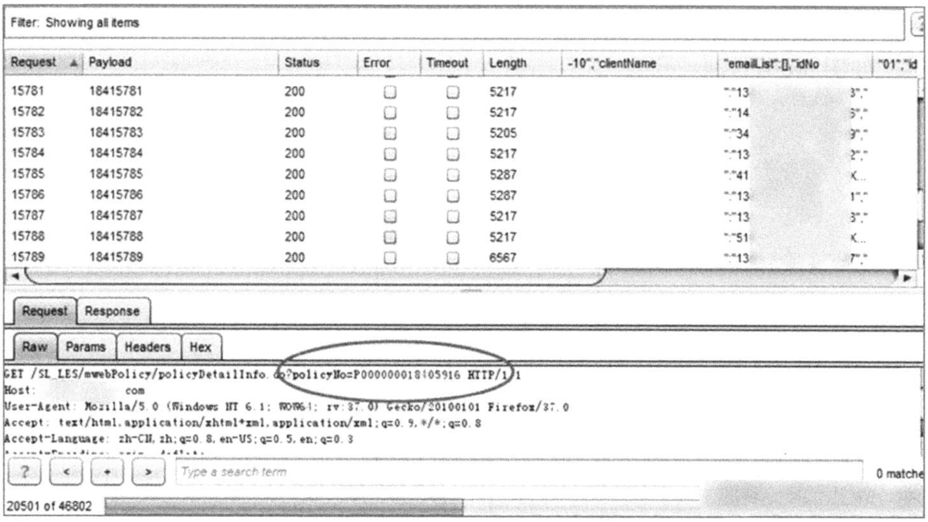

图 5-7 遍历保单号

5.1.3 修复建议

后台查看订单时要通过 Session 机制判断用户身份，做好平行权限控制，服务端需要校验相应订单是否和登录者的身份一致，如发现不一致则拒绝请求，防止平行权限绕过漏洞泄露用户敏感个人隐私信息。

5.2 手机号码篡改测试

5.2.1 测试原理和方法

手机号通常可以代表一个用户身份。当请求中发现有手机号参数时，我们可以试着修改它，测试是否存在越权漏洞。系统登录功能一般先判断用户名和密码是否正确，然后通过 Session 机制赋予用户令牌。但是在登录后的某些功能点，开发者很容易忽略登录用户的权限问题。所以当我们用 A 的手机号登录后操作某些功能时，抓包或通过其他方式尝试篡改手机号，即可对这类问题进行测试。

5.2.2　测试过程

攻击者登录后，在操作某些功能时，抓包或通过其他方式尝试篡改手机号进行测试，如图 5-8 所示。

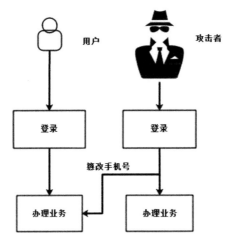

图 5-8　手机号码篡改流程图

以某网站办理挂失业务为例。

步骤一：以尾号 0136 手机登录，然后选择挂失业务，如图 5-9 所示。

图 5-9　挂失业务

步骤二：抓包修改 businessForALLFormBean.username=XXXXXXX0136 为 business
ForALLFormBean.username=XXXXXXX9793，如图 5-10 所示。

图 5-10 篡改手机号码

步骤三：手机号码参数篡改成功，成功挂失尾号为 9793 的手机号码，如图 5-11
所示：

图 5-11 挂失成功

5.2.3 修复建议

后台请求要通过 Session 机制判断用户身份，如果需要客户端传输手机号码，则
服务端需要校验手机号是否和登录者的身份一致。如发现不一致则拒绝请求，防止

平行权限绕过。另外，对于手机 App 程序，不要过于相信从手机中直接读取的手机号码，还是要做常规的身份认证，规范登录流程，防止未授权登录。

5.3 用户 ID 篡改测试

5.3.1 测试原理和方法

从开发的角度，用户登录后查看个人信息时，需要通过 sessionid 判定用户身份，然后显示相应用户的个人信息。但有时我们发现在 GET 或 POST 请求中有 userid 这类参数传输，并且后台通过此参数显示对应用户隐私信息，这就导致了攻击者可以通过篡改用户 ID 越权访问其他用户隐私信息。黑色产业链中的攻击者也喜欢利用此类漏洞非法收集个人信息。

5.3.2 测试过程

攻击者注册一个普通账户，然后遍历用户 ID，获得其他用户信息，如图 5-12 所示。

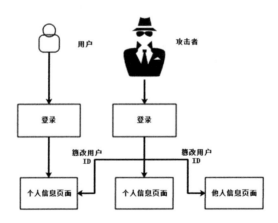

图 5-12　用户 ID 篡改测试流程图

某商城"修改收货人信息"处存在平行权限绕过业务漏洞。

步骤一：登录商城，找到收货地址单击"修改"按钮并抓包，发现 deliverId 参数，如图 5-13 所示。

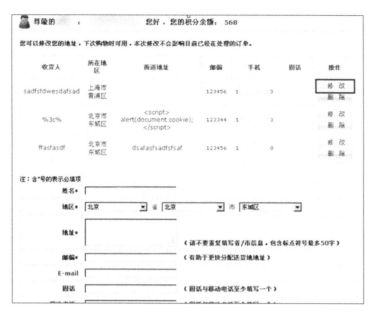

图 5-13　修改收货地址

步骤二：将 deliverId 参数值"327343"修改为"327344"，如图 5-14 所示。

图 5-14　修改收货人 ID

步骤三：提交后返回非本账户的联系人相关信息，返回了 deliverId=327344 的收货人信息，如图 5-15 所示。

图 5-15　泄露其他收货人信息

5.3.3　修复建议

后台功能请求要通过 Session 机制判断用户身份，不要相信客户端传来的用户 ID。如果确实需要客户端传输 userid，则服务端需要校验 userid 是否和登录者的 Session 身份一致，如发现不一致则拒绝请求，防止被攻击者篡改，未授权访问他人账号内容。

5.4　邮箱和用户篡改测试

5.4.1　测试原理和方法

在发送邮件或站内消息时，篡改其中的发件人参数，导致攻击者可以伪造发信人进行钓鱼攻击等操作，这也是一种平行权限绕过漏洞。用户登录成功后拥有发信权限，开发者就信任了客户端传来的发件人参数，导致业务安全问题出现。

5.4.2 测试过程

攻击者抓包篡改发信请求，可伪造发信人，发送钓鱼信件，如图 5-16 所示。

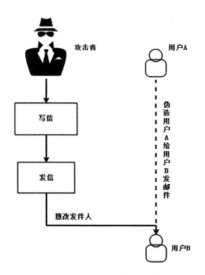

图 5-16 邮箱篡改测试流程

步骤一：编写邮件，单击"发送"按钮，如图 5-17 所示。

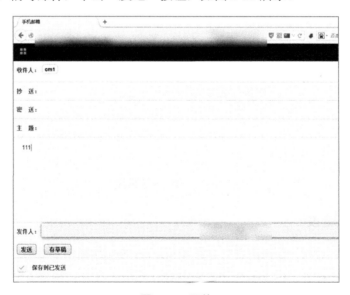

图 5-17 写信

步骤二：使用 Burp Suite 工具将邮件发送数据包中的发件人参数 "inputFrom" 进行修改并提交发送邮件，如图 5-18 所示。

图 5-18　修改发件人

步骤三：收件时，发现发件人被篡改成功，如图 5-19 所示。

图 5-19　发件人被篡改

5.4.3　修复建议

用户登录后写信、发送消息时要通过 Session 机制判断用户身份。如果需要客户端传输邮箱、发件人，服务端需要校验邮箱、发件人是否和登录者的身份一致，如发现不一致则拒绝请求，防止被攻击者篡改用于钓鱼攻击。

5.5 商品编号篡改测试

5.5.1 测试原理和方法

在交易支付类型的业务中，最常见的业务漏洞就是修改商品金额。例如在生成商品订单、跳转支付页面时，修改 HTTP 请求中的金额参数，可以实现 1 分买充值卡、1 元买特斯拉等操作。此类攻击很难从流量中匹配识别出来，通常只有在事后财务结算时发现大额账务问题，才会被发现。此时，攻击者可能已经通过该漏洞获得了大量利益。如果金额较小或财务审核不严，攻击者则可能细水长流，从中获得持续的利益。事后发现此类漏洞，就大大增加了追责的难度和成本。

此类业务漏洞的利用方法，攻击者除了直接篡改商品金额，还可以篡改商品编号，同样会造成实际支付金额与商品不对应，但又交易成功的情况。攻击者可以利用此业务漏洞以低价购买高价的物品。

5.5.2 测试过程

攻击者提交订单时，抓包篡改商品编号，导致商品与价格不对应但却交易成功，如图 5-20 所示，攻击者从价格差中获利。

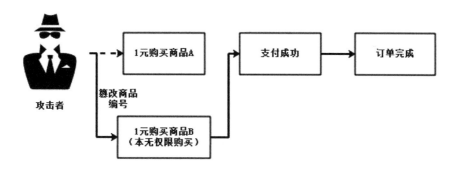

图 5-20　商品编号篡改测试流程

步骤一：登录某积分商城 http://xxxxx.com.cn/club/index.php?m=goods&c=lists。

步骤二：列出积分换商品，先挑选出我想要的礼物，如商品编号为

goods_id=1419f75d406811e3ae7601beb44c5ff7。

需要 30 积分换购的商品，如图 5-21 所示。

图 5-21　兑换礼品

步骤三：选择商城中积分最低的礼物兑换（5 积分的杯子），并填好相关信息，抓包修改 goods_id，如图 5-22 所示。

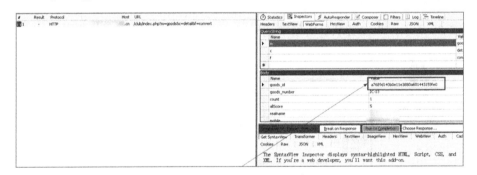

图 5-22　篡改商品编号

步骤四：替换 goods_id=1419f75d406811e3ae7601beb44c5ff7（30 积分），替换成功，如图 5-23 所示。

步骤五：订单页面显示用 5 积分换购需要 30 积分的鼠标成功，如图 5-24 所示。

图 5-23   兑换成功

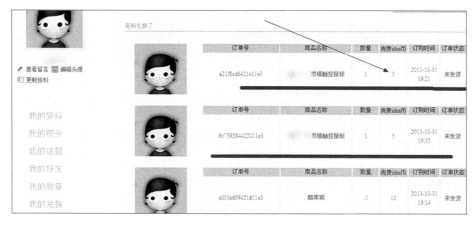

图 5-24   订单信息

5.5.3   修复建议

建议商品金额不要在客户端传入，防止被篡改。如果确实需要在客户端传输金额，则服务端在收到请求后必须检查商品价格和交易金额是否一致，或对支付金额做签名校验，若不一致则阻止该交易。

5.6　竞争条件测试

5.6.1　测试原理和方法

竞争条件通常是在操作系统编程时会遇到的安全问题：当两个或多个进程试图在同一时刻访问共享内存，或读写某些共享数据时，最后的竞争结果取决于线程执行的顺序（线程运行时序），称为竞争条件（Race Conditions）。

在 Web 安全中，我们可以沿用这个概念，在服务端逻辑与数据库读写存在时序问题时，就可能存在竞争条件漏洞，如图 5-25 所示。攻击者通常利用多线程并发请求，在数据库中的余额字段更新之前，多次兑换积分或购买商品，从中获得利益。

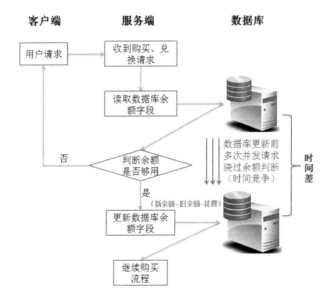

图 5-25　竞争条件漏洞

例如，如下 PHP 代码片段就存在此竞争条件漏洞。

```
$res = mysql_query("SELECT credit FROM Users WHERE id=$id");
$row = mysql_fetch_assoc($res);
if($row['credit'] >= $_POST['amount']) {
$new_credit = $row['credit'] - $_POST['amount'];
$res = mysql_query("UPDATE Users SET credit=$new_credit WHERE id=$id");
}
```

5.6.2 测试过程

攻击者在提交订单时抓包,然后设置很多个线程重放此包。如图 5-26 所示,在众多请求中,个别请求就有可能争取绕过金额、次数的判断,交易成功,攻击者从中获利。

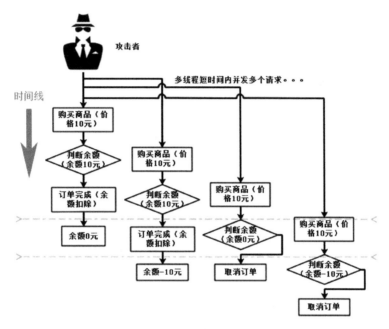

图 5-26 时间竞争测试流程

某网站退款提现时存在竞争条件漏洞。申请退款时,点了两次,生成了两单退款申请,如图 5-27 所示。

图 5-27 申请退款

同时余额变成了负数,如图 5-28 所示。

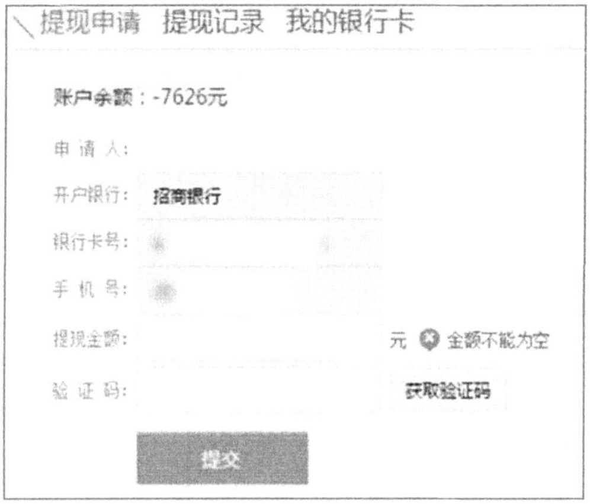

图 5-28 账户余额

退款申请没有经过财务审核,直接收到两笔七千多元的退款,如图 5-29 所示。

图 5-29 提现成功

5.6.3 修复建议

如图 5-30 所示，在处理订单、支付等关键业务时，使用悲观锁或乐观锁保证事务的 ACID 特性（原子性、一致性、隔离性、持久性），并避免数据脏读（一个事务读取了另一个事务未提交的数据），解决竞争条件和并发操作可能带来的相关业务问题。

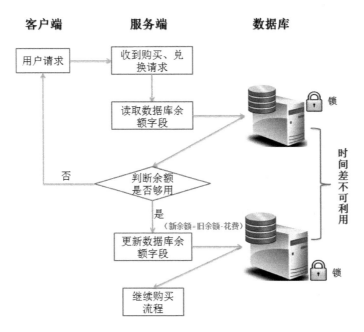

图 5-30　竞争条件漏洞修补

第6章

▪▪▪

业务授权访问模块

6.1 非授权访问测试

6.1.1 测试原理和方法

非授权访问是指用户在没有通过认证授权的情况下能够直接访问需要通过认证才能访问到的页面或文本信息。可以尝试在登录某网站前台或后台之后,将相关的页面链接复制到其他浏览器或其他电脑上进行访问,观察是否能访问成功。

6.1.2 测试过程

攻击者登录某应用访问需要通过认证的页面,切换浏览器再次访问此页面,成功访问则存在未授权访问漏洞,如图 6-1 所示。

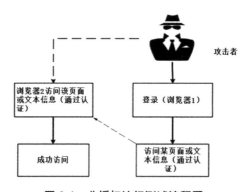

图 6-1 非授权访问测试流程图

以某网站交费充值为例。

步骤一：在 IE 浏览器中登录某网站进行交费，如图 6-2 所示。

图 6-2　成功缴费截图

步骤二：复制交费成功的 URL，在火狐浏览器里访问，成功访问，如图 6-3 所示。

图 6-3　再次访问成功截图

6.1.3　修复建议

未授权访问可以理解为需要安全配置或权限认证的地址、授权页面存在缺陷，导致其他用户可以直接访问，从而引发重要权限可被操作、数据库、网站目录等敏感信息泄露，所以对未授权访问页面做 Session 认证，并对用户访问的每一个 URL 做身份鉴别，正确地校验用户 ID 及 Token 等。

6.2 越权测试

6.2.1 测试原理和方法

越权一般分为水平越权和垂直越权，水平越权是指相同权限的不同用户可以互相访问；垂直越权是指使用权限低的用户可以访问权限较高的用户。

水平越权测试方法主要是看能否通过 A 用户的操作影响 B 用户。

垂直越权测试方法的基本思路是低权限用户越权高权限用户的功能，比如普通用户可使用管理员功能。

越权分类如图 6-4 所示。

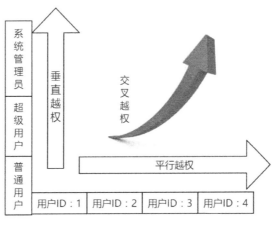

图 6-4

6.2.2 测试过程

6.2.2.1 水平越权测试

正常更改或查看 A 账户信息，抓包或者更改账户身份 ID，成功查看同权限其他账户业务信息，如图 6-5 所示。

以某网站后台为例，在核查任务编辑模块时，保存用户任务 ID，如图 6-6 所示。

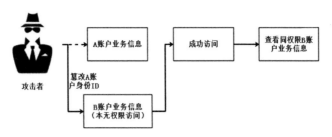

图 6-5 水平权限测试流程图

图 6-6 任务编辑模块

步骤一：保存任务并抓包，如图 6-7 所示。

图 6-7 业务抓包

步骤二：可以看到请求中有 taskHeader.taskId 这个参数，也许这个参数是提交者的业务 ID，如果可以更改，能看到别的提交者（如果是同一权限的用户），则这里存在水平越权的漏洞，现在利用爆破的方式自动更改 taskHeader.taskId，如图 6-8 所示。

图 6-8　更改业务 ID

可以看到爆破自动更改 taskHeader.taskId 的值，响应状态为 200，且响应长度也不一样，查看响应包成功查看其他用户保存的核查任务，如图 6-9 所示。

图 6-9　更改 ID 后查看同权限用户的业务信息

6.2.2.2 垂直越权测试

登录普通账户 A，抓包或直接更改账户 A 身份 ID 为高权限 C 账户的 ID，成功查看高权限账户 C 的业务信息，如图 6-10 所示。

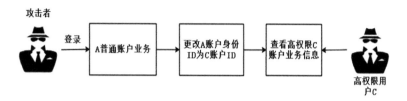

图 6-10 垂直越权测试流程图

以某系统后台为例。

步骤一：通过手工猜解得出一个账号密码均为 111 的用户，成功登录，如图 6-11 所示。

图 6-11 成功登录系统

步骤二：通过查看得知超级管理员账号为 admin。找到"修改密码"这一功能，将密码改为 789，单击"确定修改密码"后进行抓包，抓包后可以看到两个参数：uid 和 pwd，分别表示用户名和密码。将参数 uid 的值由 111 改为 admin，码保持 789 不变，如图 6-12 所示。

图 6-12　更改数据包

步骤三：提交修改的数据包，提示密码修改成功，此时 admin 账号的密码已被改成 789，使用 admin 账号登录成功，如图 6-13 所示。

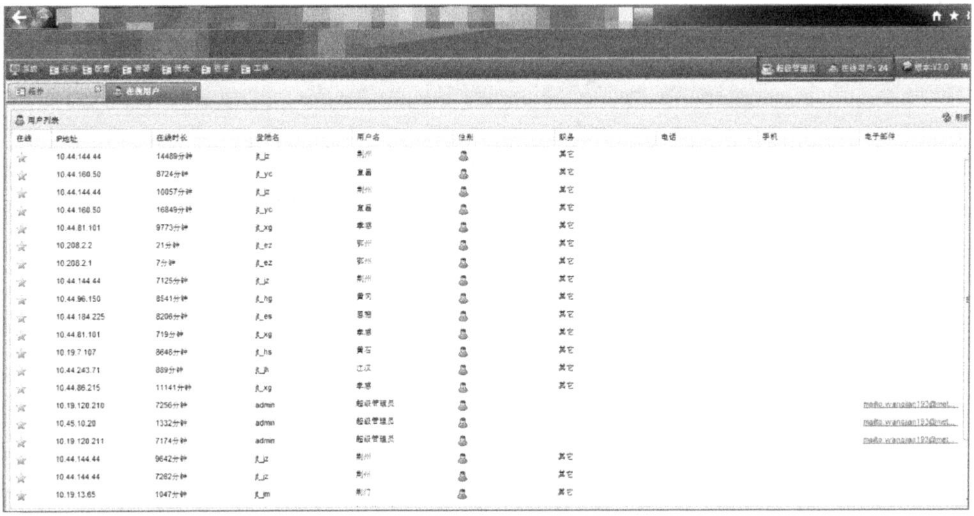

图 6-13　高权限 admin 账户登录成功

6.2.3　修复建议

服务端需校验身份唯一性，自己的身份只能查看、修改、删除、添加自己的信息。

第 7 章

输入/输出模块测试

7.1 SQL 注入测试

7.1.1 测试原理和方法

SQL 注入就是通过把 SQL 命令插入 Web 表单提交或输入域名页面请求的查询字符串，最终达到欺骗服务器执行恶意的 SQL 命令的目的。具体来说，它是利用现有应用程序，将（恶意）SQL 命令注入后台数据库引擎执行的能力，它可以通过在 Web 表单中输入（恶意）SQL 语句获取一个存在安全漏洞的网站上的数据库权限，而不是按照设计者的意图去执行 SQL 语句。下面通过一个经典的万能密码登录案例深入浅出地介绍 SQL 注入漏洞。

SQL 注入按照请求类型分为：GET 型、POST 型、Cookie 注入型。GET 与 POST 两种类型的区别是由表单的提交方式决定的。按照数据类型可分为：数字型和字符型（数字也是字符，严格地说就是一类，区别在于数字型不用闭合前面的 SQL 语句，而字符型需要闭合）。测试方法分为报错型、延时型、盲注型、布尔型等。

数字型注入（一般存在于输入的参数为整数的情况下，如 ID、年龄等）测试方法如下。

第一步：正常请求，查看页面。

第二步：在请求的参数后加 and 1=1，如果可以添加执行，则和第一步的返回页面并无差异。

第三步：在请求参数后加 and 1=2，如果返回页面与第二步页面明显不同，或有所差异，则断定存在数字型注入。

字符型注入（一般存在于接收的参数为字符串的情况下，如姓名、密码等）测试方法如下。

第一步：正常请求查看页面（如查询 admin 用户信息，则返回 admin 用户的信息）。

第二步：在查询的参数后加'or 1=1（有时可以加--来注释后面的语句），加单引号的目的是闭合前面的 SQL 语句并与后面的语句形成语法正确的 SQL 语句。如果可以添加并能够执行，则返回除 admin 用户外所有用户的信息。这时可以判断存在字符型注入。

7.1.2　测试过程

攻击者确定疑似的数字型注入链接，按照数字型手工注入方式进行手工判断，若确定存在漏洞后，可用手工注入方式查询数据或使用注入工具查询数据库数据，如图 7-1 所示。

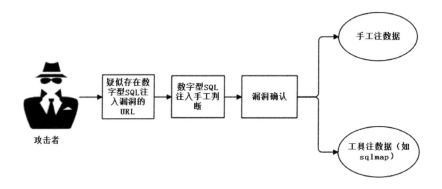

图 7-1　数字型注入测试流程图

7.1.2.1　数字型注入

以网站 http://XXX.XXX.com/sydwzwb/zwxq.php?id=3974 为例。

步骤一：正常访问，查看页面，如图 7-2 所示。

在参数后加单引号或者%27，即可在参数后构造 SQL 语句。由于 SQL 语句单引号是成对出现的，添加单引号则 SQL 语句是错误的语句，不能被 SQL 解释器正常解析。访问报错说明 SQL 语句执行了，如图 7-3 所示。

图 7-2　正常访问页面

图 7-3　添加单引号页面显示

步骤二：在 ID 参数后加 and 1=1，查看页面，发现与第一步并无异样，如图 7-4 所示。

图 7-4　添加 and 1=1 页面显示

步骤三：添加 and 1=2，并查看页面，如图 7-5 所示。

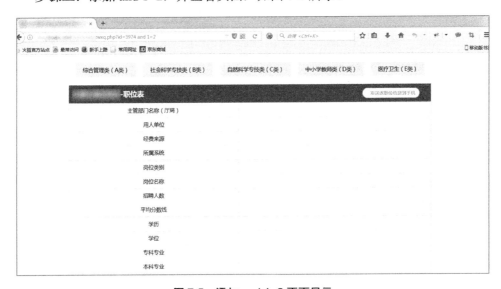

图 7-5　添加 and 1=2 页面显示

如果发现与第二步完全不同，则可以证明存在数字型注入，利用专门的 SQL 注入工具（如 sqlmap）可以拥有数据库增、删、改、查权限，甚至可以执行系统命令、上传后门文件等。sqlmap 工具下载使用说明详见其官网 http://sqlmap.org/，如图 7-6 所示。

```
sqlmap resumed the following injection point(s) from stored session:

Parameter: id (GET)
    Type: boolean-based blind
    Title: AND boolean-based blind - WHERE or HAVING clause
    Payload: id=3974 AND 6238=6238

    Type: error-based
    Title: MySQL >= 5.0 error-based - Parameter replace
    Payload: id=(SELECT 6367 FROM(SELECT COUNT(*),CONCAT(0x717a766a71,(SELECT (ELT(6367=6367,1))),0x7170767671,FLOOR(RAND(0)*2))x FROM INFORMATION_SCHEMA.CHARACTER_SETS GROUP BY

    Type: UNION query
    Title: Generic UNION query (NULL) - 28 columns
    Payload: id=-3604 UNION ALL SELECT NULL,NULL,NULL,NULL,NULL,NULL,NULL,NULL,NULL,NULL,NULL,CONCAT(0x717a766a71,0x57725a6c59424a637656634a597348416c6d71557846424f1674a5469
5,0x7170767671),NULL,NULL,NULL,NULL,NULL,NULL,NULL,NULL,NULL,NULL,NULL,NULL-- -

[11:12:22] [INFO] the back-end DBMS is MySQL
web application technology: Nginx, PHP 5.5.27
back-end DBMS: MySQL 5.0
[11:12:22] [INFO] fetching database names
[11:12:22] [WARNING] reflective value(s) found and filtering out
[11:12:23] [WARNING] the SQL query provided does not return any output
[11:12:23] [INFO] the SQL query used returns 4 entries
[11:12:23] [INFO] retrieved: information_schema
[11:12:23] [INFO] retrieved: mysql
[11:12:23] [INFO] retrieved: neimenggu_db
[11:12:23] [INFO] retrieved: performance_schema
available databases [4]:
[*] information_schema
[*] mysql
[*] neimenggu_db
[*] performance_schema

[11:12:23] [INFO] fetched data logged to text files under '
```

图 7-6　用 sqlmap 跑数据

7.1.2.2　字符型注入

攻击者确定疑似的字符型注入链接，按照字符型手工注入方式进行手工判断，若确定存在漏洞后，可用手工注入方式查询数据或使用注入工具查询数据库数据，如图 7-7 所示。

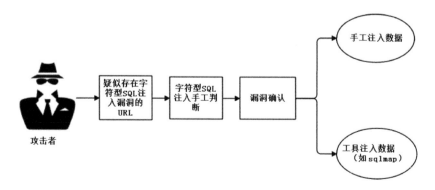

图 7-7　字符型注入测试流程图

以网站 http://xxx/Organ!loadOrgs.shtml 为例。

步骤一：正常访问，抓包并查看页面，如图 7-8 所示。

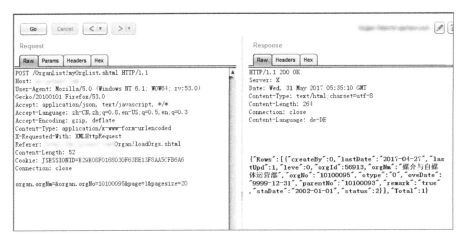

图 7-8　正常访问返回包情况

在参数后加单引号或者%27（由于 SQL 语句单引号是成对出现的，添加单引号则 SQL 语句是错误的语句，不能被 SQL 解释器正常解析。访问报错说明 SQL 语句执行了），即可在参数后构造 SQL 语句，如图 7-9 所示。

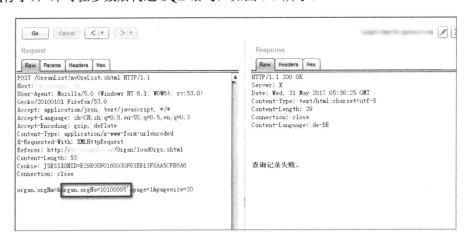

图 7-9　添加单引号返回包情况

步骤二：添加'or '1'= '1，查看页面，如图 7-10 所示。

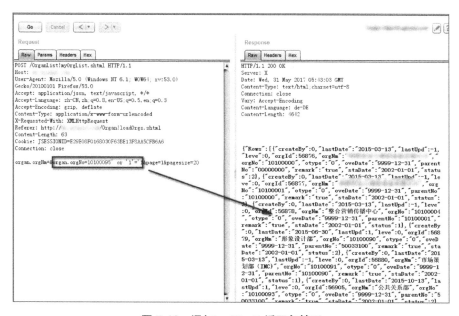

图 7-10　添加'or '1'= '1 返回包情况

不仅查询出 10100095 的信息，所有信息都可以查询到，用 sqlmap 可以进一步验证漏洞，如图 7-11 所示。

图 7-11　sqlmap 注入成功

以上两种注入都是基于报错信息手工测试和工具注入，还有基于时间、盲注、布尔型等的注入，在这就不一一举例了。

7.1.3 修复建议

每个提交信息的客户端页面、通过服务器端脚本（JSP、ASP、ASPX、PHP 等）生成的客户端页面、提交的表单（FORM）或发出的链接请求中包含的所有变量，必须对变量的值进行检查，过滤其中包含的特殊字符，或对字符进行转义处理。特殊字符如下。

- SQL 语句关键词：如 and、or、select、declare、update、xp_cmdshell；
- SQL 语句特殊符号：'、"、;等。

此外，Web 应用系统接入数据库服务器使用的用户不应为系统管理员，用户角色应遵循最小权限原则。

7.2 XSS 测试

7.2.1 测试原理和方法

跨站脚本漏洞是 Web 应用程序在将数据输出到网页的时候存在问题，导致恶意攻击者可以往 Web 页面里插入恶意 JavaScript、HTML 代码，并将构造的恶意数据显示在页面的漏洞中。攻击者一般利用此漏洞窃取或操纵客户会话和 Cookie，用于模仿合法用户，从而使攻击者以该用户身份查看或变更用户记录以及执行事务。

跨站一般情况下主要分为存储型跨站、反射型跨站、DOM 型跨站。存储型跨站脚本可直接写入服务端数据库，而反射型不写入数据库，由服务端解析后在浏览器生成一段类似<script>alert(/xss/)</script>的脚本。

反射型跨站测试方法主要是在 URL 或输入框内插入一段跨站脚本，观察是否能弹出对话框。

存储型跨站测试方法主要是在网站的留言板、投诉、建议等输入框内输入一段跨站脚本，看是否能插入数据库，插入成功的表现为当网站管理人员查看该留言时，会执行跨站语句（如弹出对话框），或者当普通用户再次访问该页面时，会执行跨站语句，如弹出对话框。

7.2.2　测试过程

发现疑似存在跨站链接，在漏洞参数处添加测试漏洞 payload，如果达到测试目的则确定跨站漏洞存在，根据漏洞实际类型分为反射型跨站、存储型跨站，如图 7-12 所示。

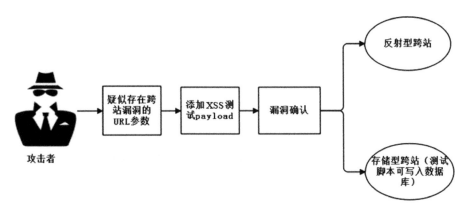

图 7-12　XSS 漏洞测试流程图

7.2.2.1　反射型 XSS

以 http://xxx.xxx.local 中高级搜索模块为例，如图 7-13 所示。

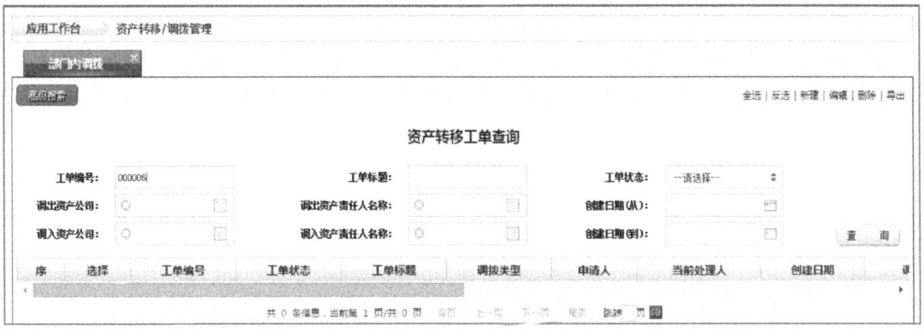

图 7-13　高级搜索业务模块

步骤一：抓包并在工单编号输入处添加测试是否存在 XSS 漏洞的测试代码，如图 7-14 所示。

图 7-14　抓取业务请求包并添加验证漏洞 payload

步骤二：成功弹出对话框，并证明 XSS 漏洞存在，如图 7-15 所示。

图 7-15　漏洞成功触发

7.2.2.2　存储型 XSS

以 http://xxx.xxx.local 为例,在商调函模块存在新建、编辑、删除的模块,如图 7-16
所示。

图 7-16　业务模块

新建一工单并在功能说明处添加 XSS payload,这时数据会存储于数据库,于是
就会造成存储型 XSS,如图 7-17 所示。

图 7-17　漏洞成功触发

7.2.3 修复建议

每个提交信息的客户端页面、通过服务器端脚本（JSP、ASP、ASPX、PHP 等）生成的客户端页面、提交的表单（FORM）或发出的链接请求中包含的所有变量，必须对变量的值进行检查，过滤其中包含的特殊字符，或对字符进行转义处理。特殊字符如下。

- HTML 标签的<、"、'、%等，以及这些符号的 Unicode 值；

- 客户端脚本（JavaScript、VBScript）关键字：JavaScript、script 等。

此外，对于信息搜索功能，不应在搜索结果页面中回显搜索内容。同时应设置出错页面，防止 Web 服务器发生内部错误时，将错误信息返回给客户端。具体建议如下：

- 定义允许的行为，确保 Web 应用程序根据预期结果的严格定义来验证所有输入参数（Cookie、标头、查询字符串、表单、隐藏字段等）。

- 检查 POST 和 GET 请求的响应，以确保返回的对象是预期的内容且有效。

- 通过对用户提供的数据进行编码，从用户输入中移除冲突的字符、括号和单双引号。这将防止插入的脚本以可执行的格式发送给最终用户。

- 只要可能，就应将客户端提供的所有数据限制为字母数字数据。使用此过滤机制时，如果用户输入 "<script>alertdocumentcookie('aaa') </script>"，将缩减为 "scriptalertdocumentcookiescript"。如果必须使用非字母数字字符，请先将其编码为 HTML 实体，然后再将其用在 HTTP 响应中，这样就无法将它们用于修改 HTML 文档的结构。

- 使用双因素客户身份验证机制，而非单因素身份验证。

- 在修改或使用脚本之前，验证脚本的来源。

- 不要完全信任其他人提供的脚本并用在自己的代码中（不论是从 Web 上下载的，还是熟人提供的）。

7.3 命令执行测试

7.3.1 测试原理和方法

在应用需要调用一些外部程序去处理内容的情况下，就会用到一些执行系统命令的函数。如 PHP 中的 system、exec、shell_exec 等，当用户可以控制命令执行函数中的参数时，将可注入恶意系统命令到正常命令中，造成命令执行攻击。测试中如果没有对参数（如 cmd=、command、excute=等）进行过滤，就可以直接造成命令执行漏洞或配合绕过及命令连接符（在操作系统中，"&、|、||、;"都可以作为命令连接符使用，用户通过浏览器提交执行命令，由于服务器端没有针对执行函数做过滤，导致在没有指定绝对路径的情况下就执行命令）等进行命令执行漏洞测试。

7.3.2 测试过程

攻击者发现疑似存在命令执行的漏洞链接，添加命令执行 payload，确认漏洞，如图 7-18 所示。

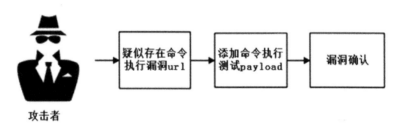

图 7-18　命令执行漏洞测试流程

以某网络安全审计系统为例，由于未对 register_key 参数进行过滤可能存在命令执行漏洞，抓包并对其进行测试，构造命令执行语句并执行成功，证明此参数未经严格过滤造成命令执行漏洞，如图 7-19 和图 7-20 所示。

图 7-19　抓包并进行测试

图 7-20　漏洞成功执行

再以自己搭建的网站 http://localhost/DVWA/ 为例。

在 dvwa 处提供了一个免费的 ping 命令，如图 7-21 所示。

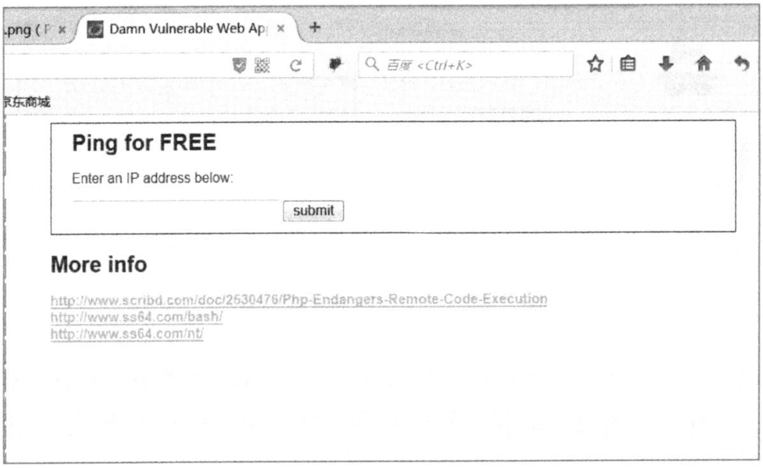

图 7-21　ping 命令

步骤一：我们 ping 一下自己的主机并抓包，如图 7-22 所示。

步骤二：由于 ip 接收一个参数并执行 ping 命令，如果接收的参数没有过滤就可以用"&、|、‖、;"构造语句，进行命令执行漏洞测试，成功执行系统命令，如图 7-23 所示。

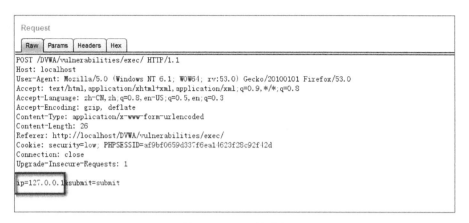

图 7-22 抓取请求包

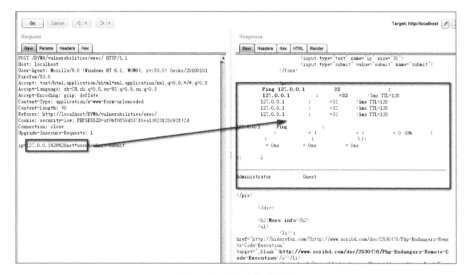

图 7-23 漏洞成功触发

7.3.3 修复建议

尽量少用执行命令的函数或者直接禁用，参数值尽量使用引号包括在使用动态函数之前，确保使用的函数是指定的函数之一，在进入执行命令的函数/方法之前，对参数进行过滤，对敏感字符进行转义。

第8章

回退模块测试

8.1 回退测试

8.1.1 测试原理和方法

很多 Web 业务在密码修改成功后或者订单付款成功后等业务模块,在返回上一步重新修改密码或者重新付款时存在重新设置密码或者付款的功能,这时如果能返回上一步重复操作,而且还能更改或者重置结果,则存在业务回退漏洞。

8.1.2 测试过程

攻击者按正常流程更改业务信息,更改完成后可回退到上一流程再次成功修改业务信息,如图 8-1 所示。

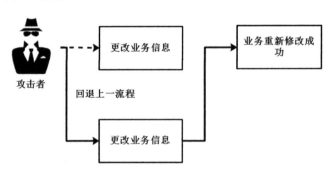

图 8-1 业务回退测试流程

以某网站修改密码为例。

步骤一：密码修改成功后，进行回退测试（检查是否可以回退，并进行操作，如果存在，可能存在回退漏洞），首先按照正常流程更改密码，如图 8-2 所示。

图 8-2　密码重置成功

步骤二：尝试是否可以进行回退，结果可以回到重置密码这一步，即第三步，可以修改密码，成功且无限制，如图 8-3 所示。

图 8-3　回退可再次进行修改

8.1.3　修复建议

对于业务流程有多步的情况，如修改密码或重置密码等业务，首先判断该步骤的请求是否是上一步骤的业务所发起的，如果不是则返回错误提示或页面失效。

第 9 章

验证码机制测试

9.1 验证码暴力破解测试

9.1.1 测试原理和方法

验证码机制主要被用于防止暴力破解、防止 DDoS 攻击、识别用户身份等，常见的验证码主要有图片验证码、邮件验证码、短信验证码、滑动验证码和语音验证码。

以短信验证码为例。短信验证码大部分情况下是由 4～6 位数字组成，如果没有对验证码的失效时间和尝试失败的次数做限制，攻击者就可以通过尝试这个区间内的所有数字来进行暴力破解攻击。

9.1.2 测试过程

攻击者填写任意手机号码进行注册，服务器向攻击者填写的手机号码发送短信验证码，攻击者设置验证码范围 000000～999999、00000～99999、0000～9999，对验证码进行暴力破解，通过返回数据包判断是否破解成功，然后通过破解成功的验证码完成注册，如图 9-1 所示。

以某会员网站任意手机号码注册为例。

步骤一：填写任意号码进行注册，本案例使用手机号码为 16666666666，单击获取手机动态码，会向手机发送一条验证码信息，如图 9-2 所示。

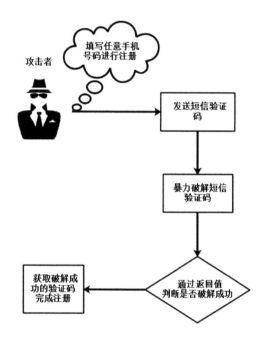

图 9-1　短信验证码暴力破解测试流程

图 9-2　获取短信验证码

步骤二：快速登录，抓取数据包，对 code 参数进行暴力破解，如图 9-3 所示。

图 9-3　抓取登录数据包

破解信息如下，如图 9-4 所示。

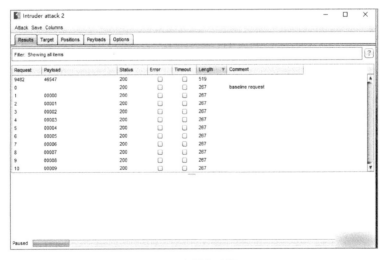

图 9-4　暴力破解

步骤三：通过返回值的长度可判断 46547 为正确的验证码，使用该验证码可成功登录网站，获取个人信息，如图 9-5 所示。

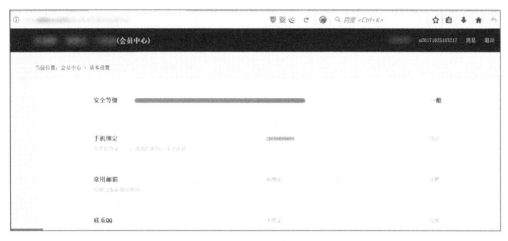

图 9-5　登录成功

9.1.3　修复建议

针对验证码的暴力测试，建议采取如下的加固方案：

（1）设置验证码的失效时间，建议为 180 秒；

（2）限制单位时间内验证码的失败尝试次数，如 5 分钟内连续失败 5 次即锁定该账号 15 分钟。

9.2　验证码重复使用测试

9.2.1　测试原理和方法

在网站的登录或评论等页面，如果验证码认证成功后没有将 session 及时清空，将会导致验证码首次认证成功之后可重复使用。测试时可以抓取携带验证码的数据包重复提交，查看是否提交成功。

9.2.2 测试过程

攻击者填写投诉建议，输入页面验证码，抓取提交的数据包，使用发包工具对数据包进行重复提交，然后查看投诉建议页面是否成功提交了多个投诉信息，如图 9-6 所示。

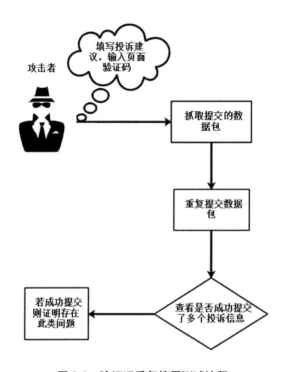

图 9-6　验证码重复使用测试流程

以某 App 手机客户端应用程序为例。

步骤一：在客户投诉建议处，输入要投诉的内容，并输入验证码，如图 9-7 所示。

步骤二：抓取数据包并修改投诉内容参数 complaintsContent 的值，如图 9-8 所示。

通过 Burp Suite 工具重复提交投诉信息，如图 9-9 所示。

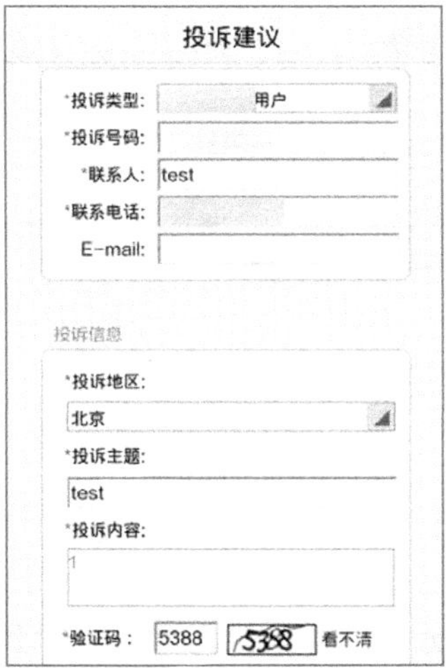

图 9-7　填写投诉信息

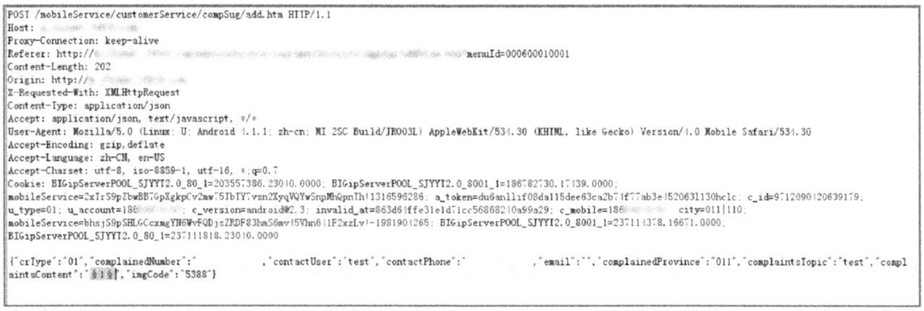

```
POST /mobileService/customerService/compSug/add.htm HTTP/1.1
Host:
Proxy-Connection: keep-alive
Referer: http://menuId=000600010001
Content-Length: 202
Origin: http://
X-Requested-With: XMLHttpRequest
Content-Type: application/json
Accept: application/json, text/javascript, */*
User-Agent: Mozilla/5.0 (Linux; U; Android 4.1.1; zh-cn; MI 2SC Build/JRO03L) AppleWebKit/534.30 (KHTML, like Gecko) Version/4.0 Mobile Safari/534.30
Accept-Encoding: gzip,deflate
Accept-Language: zh-CN, en-US
Accept-Charset: utf-8, iso-8859-1, utf-16, *;q=0.7
Cookie: BIGipServerPOOL_SJYYT2.0_80_1=203557386.23040.0000; BIGipServerPOOL_SJYYT2.0_8001_1=186782730.17139.0000;
mobileService=2xIrS9pZbwBB7GpXgkpCv2mw75TbTY7vsn2XyqVQYwSnpMhQpnTh!1316596286; a_token=du6anl1if08da115dee63ca2b74f77ab3e4520631130hclc; c_id=97120904206391 79;
u_type=01; u_account=186; c_version=android@2.3; invalid_at=863d64ffe31e1d71cc56868240a99a29; c_mobile=186 city=011|110;
mobileService=bhsjS9pSHLGCcxmgYN6WvFQDjsZRDF83hmS6mv45Vhn611F2xzLv!-1981901265; BIGipServerPOOL_SJYYT2.0_8001_1=237114378.16671.0000;
BIGipServerPOOL_SJYYT2.0_80_1=237111818.23040.0000

{"crType":"01","complainedNumber":" ,"contactUser":"test","contactPhone":" ,"email":"","complainedProvince":"011","complaintsTopic":"test","complaintsContent":"§1§","imgCode":"5388"}
```

图 9-8　抓取数据包

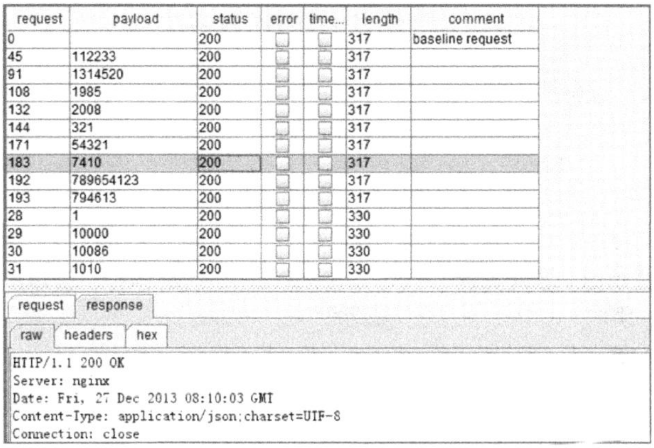

request	payload	status	error	time...	length	comment
0		200	☐	☐	317	baseline request
45	112233	200	☐	☐	317	
91	1314520	200	☐	☐	317	
108	1985	200	☐	☐	317	
132	2008	200	☐	☐	317	
144	321	200	☐	☐	317	
171	54321	200	☐	☐	317	
183	7410	200	☐	☐	317	
192	789654123	200	☐	☐	317	
193	794613	200	☐	☐	317	
28	1	200	☐	☐	330	
29	10000	200	☐	☐	330	
30	10086	200	☐	☐	330	
31	1010	200	☐	☐	330	


```
HTTP/1.1 200 OK
Server: nginx
Date: Fri, 27 Dec 2013 08:10:03 GMT
Content-Type: application/json;charset=UTF-8
Connection: close
```

图 9-9　暴力重复提交

步骤三：经过暴力重复提交后，客户端显示提交成功，如图 9-10 所示。

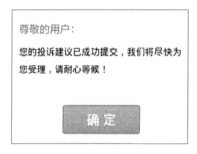

图 9-10　提交成功

步骤四：返回页面查看历史投诉建议内容，可看到通过首次验证码认证，成功提交了多次投诉，如图 9-11、图 9-12 所示。

图 9-11　成功提交多次投诉　　　　图 9-12　查看投诉信息

9.2.3　修复建议

针对验证认证次数问题，建议验证码在一次认证成功后，服务端清空认证成功的 session，这样就可以有效防止验证码一次认证反复使用的问题。

9.3 验证码客户端回显测试

9.3.1 测试原理和方法

当验证码在客户端生成而非服务器端生成时，就会造成此类问题。当客户端需要和服务器进行交互发送验证码时，可借助浏览器的工具查看客户端与服务器进行交互的详细信息。

9.3.2 测试过程

攻击者进入找回密码页面，输入手机号与证件号，获取验证码，服务器会向手机发送验证码，通过浏览器工具查看返回包信息，如果返回包中包含验证码，证明存在此类问题，如图 9-13 所示。

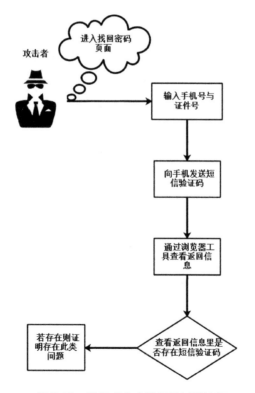

图 9-13 验证码客户端回显测试流程

以某 P2P 金融平台为例。

步骤一：使用浏览器访问该网站，在找回密码页面中任意输入一个手机号码和开户证件号，如图 9-14 所示。

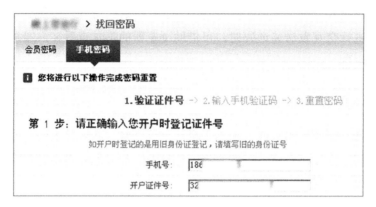

图 9-14　输入手机号与证件号

步骤二：单击"下一步"按钮，即可向该手机发送短信验证码。按 F12 键启用浏览器调试工具可看到短信验证码在本地生成，如图 9-15 所示。

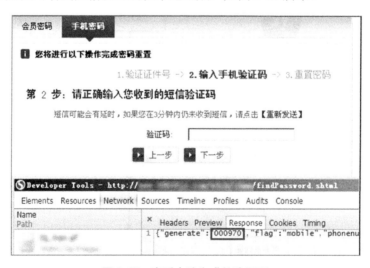

图 9-15　查看本地生成的验证码

步骤三：输入本地生成的验证码，如图 9-16 所示。

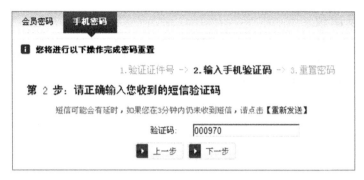

图 9-16　输入验证码

进入重置密码页面，如图 9-17 所示。

图 9-17　进入密码重置页面

步骤四：重置密码成功，如图 9-18 所示。

图 9-18　重置成功

9.3.3　修复建议

针对验证码在客户端回显的情况，建议采取如下措施来预防此类问题：

（1）禁止验证码在本地客户端生成，应采用服务器端验证码生成机制；

（2）设置验证码的时效性，如 180 秒过期；

（3）验证码应随机生成，且使用一次即失效。

9.4　验证码绕过测试

9.4.1　测试原理和方法

在一些案例中，通过修改前端提交服务器返回的数据，可以实现绕过验证码，执行我们的请求。

9.4.2　测试过程

攻击者进入注册账户页面，输入任意手机号码，获取验证码，在注册账户页面填写任意验证码，提交请求并抓包，使用抓包工具查看并修改返回包信息，转发返回数据包，查看是否注册成功，如图 9-19 所示。

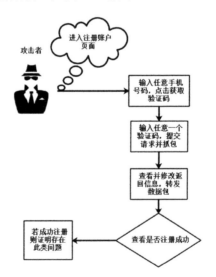

图 9-19　验证码绕过测试流程

以某 P2P 网站系统注册功能为例。

步骤一：首先输入任意手机号码和密码，我们此处以 18888888886 为例，单击"获取手机验证码"，由于我们无法获取到 18888888886 这个手机的真实验证码，我们随意填写一个验证码 1234，如图 9-20 所示。

步骤二：单击注册领红包并通过 burp 对数据包进行截获，右击选择 Do intercept-Response to this request，如图 9-21 所示。

图 9-20　输入手机号码

图 9-21　抓取数据包

步骤三：然后单击 Forword 后，burp 工具里显示的就是网站返回的数据包。因为我们填写的手机验证码 1234 肯定是错误的，而此时 res_code 的值为 1，证明了当手机验证码错误时 res_code 的值为 1。我们将返回数据包中的 res_code 的值改为 0，从而实现绕过验证码，如图 9-22 所示。

步骤四：继续单击 Forword 后，即可成功注册该手机号码 18888888886 的账号并登录跳转到用户界面，如图 9-23 所示。

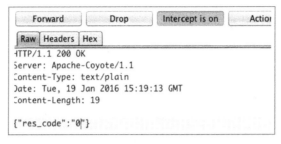

图 9-22　修改返回值

图 9-23　注册成功并登录

9.4.3　修复建议

针对此漏洞，建议在服务端增加验证码的认证机制，对客户端提交的验证码进行二次校验。

9.5　验证码自动识别测试

9.5.1　测试原理和方法

前面几小节介绍的测试方法主要针对业务逻辑设计上存在缺陷的验证码机制，

而事实上还有很大一部分验证码机制在逻辑上并不存在问题，这就涉及与验证码机制本身的正面对抗，也就是验证码识别技术。

网站登录页面所使用的图形验证码是出现最早也是使用最为广泛的验证码，我们就以图形验证码为例来讲解如何对其进行自动识别。

一般对于此类验证码的识别流程为：图像二值化处理→去干扰→字符分割→字符识别。

图像二值化就是将图像上像素点的灰度值设置为 0 或 255，也就是将整个图像呈现出明显的黑白效果。

为了防止验证码被自动识别，通常用加入一些点、线、色彩之类的方式进行图像干扰，如图 9-24 所示。

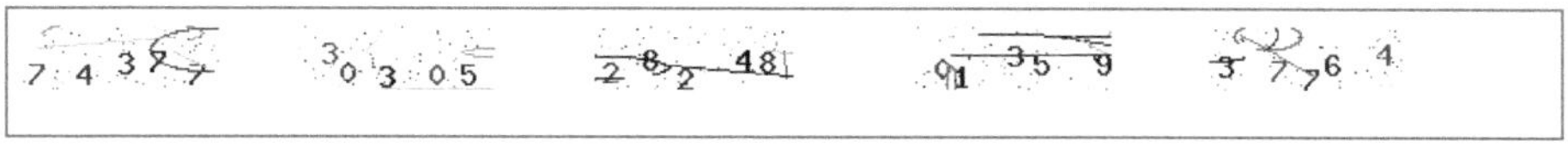

图 9-24　验证码图像干扰

所以为了达到良好的识别效果，需要对图像进行去干扰处理。

字符分割主要包括从验证码图像中分割出字符区域，以及把字符区域划分成单个字符。

字符识别就是把处理后的图片还原回字符文本的过程。

9.5.2　测试过程

攻击者访问网站登录页面，通过刷新验证码页面查看验证码组成规律，进行图像二值化、去干扰等处理，并进行人工比对，存储成功识别的验证码包，截入工具，利用工具对登录页面进行暴力破解，根据返回包的大小和关键字判断是否破解成功，如图 9-25 所示。

以某游戏站点为例。

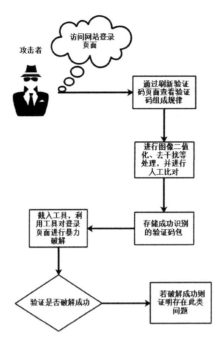

图 9-25　验证码自动识别测试流程

步骤一：首先通过多次刷新验证码，发现验证码主要由数字或小写字母组成，于是通过 PKAV HTTP Fuzzer 工具设定一个验证码包含的字符范围，如图 9-26 所示。

图 9-26　设定验证码字符范围

步骤二：通过第三方识别工具可以自动对验证码图像进行二值化、去干扰等处理，然后通过人工比对来完善识别的准确率，如图 9-27、图 9-28 所示。

步骤三：当识别的准确率符合自己预期的效果后（比如达到 90% 以上），就可以对登录页面进行抓包分析了，通过 Burp Suite 工具抓取登录的数据包，如图 9-29 所示。

图 9-27　验证码人工比对

图 9-28　验证码人工比对

图 9-29　抓取登录数据包

步骤四：将抓取到的请求数据包放至 PKAV HTTP Fuzzer 工具的请求包内，设置验证码标志位，用户名和密码标志位，如图 9-30 所示。

图 9-30　设置请求包

单击即可开始对账号密码进行暴力破解，验证码会自动载入，如图 9-31 所示。

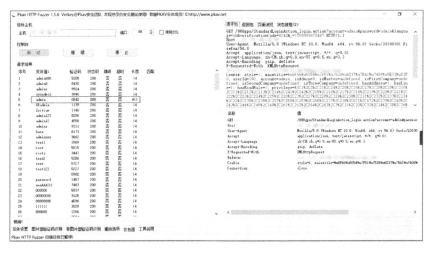

图 9-31　暴力破解

110

查看请求结果，可发现一个长度为 611 的返回包，用户名和密码为 admin:admin，可成功登录网站，如图 9-32 所示。

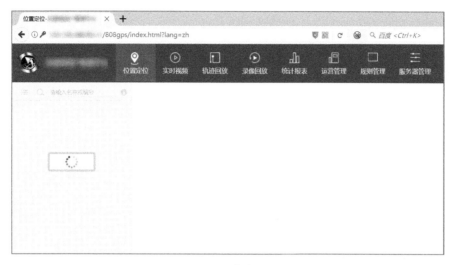

图 9-32　成功登录

9.5.3　修复建议

针对验证码被自动识别的风险，建议通过以下几个方面来进行加固：

（1）增加背景元素的干扰，如背景色、背景字母等；

（2）字符的字体进行扭曲、粘连；

（3）使用公式、逻辑验证方法等作为验证码，如四则运算法、问答题等；

（4）图形验证码和使用者相关，比如选择联系人头像、选择购买过的物品等作为验证码。

第 10 章

■ ■ ■

业务数据安全测试

10.1 商品支付金额篡改测试

10.1.1 测试原理和方法

电商类网站在业务流程整个环节，需要对业务数据的完整性和一致性进行保护，特别是确保在用户客户端与服务、业务系统接口之间的数据传输的一致性，通常在订购类交易流程中，容易出现服务器端未对用户提交的业务数据进行强制校验，过度信赖客户端提交的业务数据而导致的商品金额篡改漏洞。商品金额篡改测试，通过抓包修改业务流程中的交易金额等字段，例如在支付页面抓取请求中商品的金额字段，修改成任意数额的金额并提交，查看能否以修改后的金额数据完成业务流程。

10.1.2 测试过程

该项测试主要针对订单生成的过程中存在商品支付金额校验不完整而产生业务安全风险点，通常导致攻击者用实际支付远低于订单支付的金额订购商品的业务逻辑漏洞，如图 10-1 所示。

测试过程以登录 http://www.xxx.cn/service/electronic/init.action 网上营业厅购买充值卡为例。

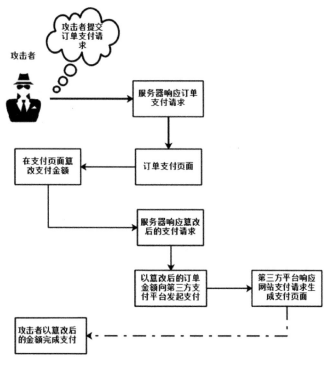

图 10-1　测试流程图

步骤一：购卡选择卡面值后进入支付平台页面，如图 10-2 所示。

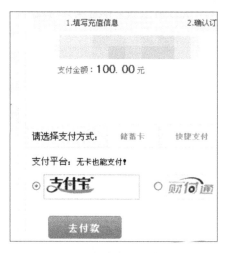

图 10-2　实际支付金额

抓包并篡改支付请求中的明文金额字段 elecCardConfirm.money，如图 10-3 和图 10-4 所示。

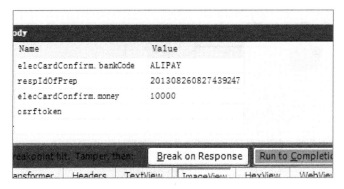

图 10-3　抓取支付请求

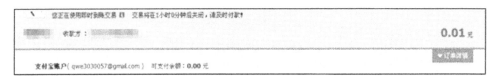

图 10-4　篡改支付请求中的支付金额字段

步骤二：跳转支付平台，完成篡改后订单金额支付流程，如图 10-5 和图 10-6 所示。

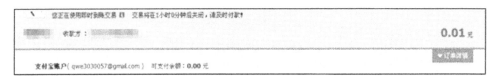

图 10-5　在支付平台支付篡改后的金额

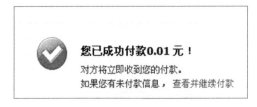

图 10-6　支付平台回调电商平台提示支付完成

步骤三：支付平台支付完成后自动回调商城，显示订单成功生成并完成支付流程，表明本次测试实现了用篡改后的金额 0.01 元在电商平台订购到 100 元的商品的操作，如图 10-7 所示。

图 10-7　电商平台提示订单已经完成支付

10.1.3　修复建议

商品信息，如金额、折扣等原始数据的校验应来自于服务器端，不应接受客户端传递过来的值。

10.2　商品订购数量篡改测试

10.2.1　测试原理和方法

商品数量篡改测试是通过在业务流程中抓包修改订购商品数量等字段，如将请求中的商品数量修改成任意非预期数额、负数等后进行提交，查看业务系统能否以修改后的数量完成业务流程。

10.2.2　测试过程

该项测试主要针对商品订购的过程中对异常交易数据处理缺乏风控机制而导致的相关业务逻辑漏洞，例如针对订购中的数量、价格等缺乏判断而产生意外的结果，往往被攻击者所利用，如图 10-8 所示。

测试过程以某网上营业厅积分商城为例。

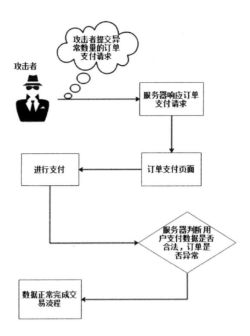

图 10-8　测试流程图

步骤一：将商品放入购物车，对于实物礼品需要放在购物车中进行订购。放入购物车后，单击进入购物车，如图 10-9 所示。

图 10-9　将要购买的商品添加进购物车

步骤二：在购物车中进行礼品兑换，确认商品订单准备进行数据包信息篡改，如图 10-10 所示。

图 10-10　确认商品订单

抓包将商品的数量参数修改成负数并保存，如图 10-11 和图 10-12 所示。

图 10-11　篡改该订购请求中的商品数量

可以看到购物车中实际支付积分已经变为负积分，如图 10-13 所示。

步骤三：添加兑换人的配送信息，确认订单信息，完成积分兑换业务流程，如图 10-14 所示。

图 10-12　保存篡改后的订购信息

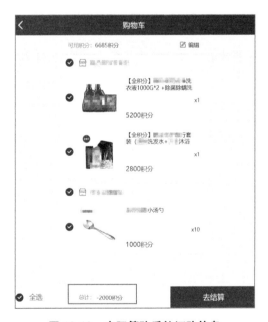

图 10-13　实际篡改后的订购信息

获取验证码并且验证通过后，单击"下一步"按钮，进入订单确认页面，如图 10-15 所示。

图 10-14　确认订单信息

图 10-15　支付订单

步骤四：提交订单订购请求，此页面列出订单的清单，包括收货人信息、兑换礼品列表和消费积分。单击"提交订单"按钮，完成礼品兑换，显示兑换结果，如图 10-16 所示。

图 10-16 实际生成的订单详情

步骤五：兑换结果查看，由于积分为负值提交给后台，视为无效订单，所以未能成功利用。服务端对这些异常订单数据进行比对，未能支付成功，如图 10-17 所示。

图 10-17 服务器对异常订单的响应

10.2.3 修复建议

服务端应当考虑交易风险控制，对产生异常情况的交易行为（如用户积分数额为负值、兑换库存数量为 0 的商品等）应当直接予以限制、阻断，而非继续完成整个交易流程。

10.3　前端 JS 限制绕过测试

10.3.1　测试原理和方法

很多商品在限制用户购买数量时，服务器仅在页面通过 JS 脚本限制，未在服务器端校验用户提交的数量，通过抓取客户端发送的请求包修改 JS 端生成处理的交易数据，如将请求中的商品数量改为大于最大数限制的值，查看能否以非正常业务交易数据完成业务流程。

10.3.2　测试过程

该项测试主要针对电商平台由于交易限制机制不严谨、不完善而导致的一些业务逻辑问题。例如，在促销活动中限制商品购买数量，却未对数量进行前、后端严格校验，往往被攻击者所利用，如图 10-18 所示。

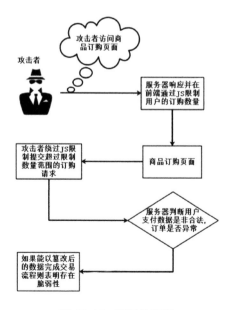

图 10-18　测试流程图

测试过程以 http://www.xxx.com/xxx-100-2856.html 网上商城绕过团购购买数量限制购买团购价商品为例。

步骤一：购买限购的商品，商品限制购买数量为 2 份，将其加入购物车，如图 10-19 和图 10-20 所示。

图 10-19　商品订购页面

图 10-20　商品订购数量限制

步骤二：通过观察发现客户端在前端浏览器使用 JavaScript 做了购买限制，尝试绕过限制提交购买请求，可以通过抓包修改数量字段，改为 100 个后成功提交，如图 10-21 所示。

图 10-21 直接绕过 JS 限制完成订购

10.3.3 修复建议

商品信息，如金额、折扣、数量等原始数据的校验应来自于服务器端，不应该完全相信客户端传递过来的值。类似的跨平台支付业务，涉及平台之间接口调用，一定要做好对重要数据，如金额、商品数量等的完整性校验，确保业务重要数据在平台间传输的一致。

10.4 请求重放测试

10.4.1 测试原理和方法

请求重放漏洞是电商平台业务逻辑漏洞中一种常见的由设计缺陷所引发的漏洞，通常情况下所引发的安全问题表现在商品首次购买成功后，参照订购商品的正常流程请求，进行完全模拟正常订购业务流程的重放操作，可以实现"一次购买多次收货"等违背正常业务逻辑的结果。

10.4.2 测试过程

该项测试主要针对电商平台订购兑换业务流程中对每笔交易请求的唯一性判断缺乏有效机制的业务逻辑问题，通过该项测试可以验证交易流程中随机数、时间戳等生成机制是否正常，如图 10-22 所示。

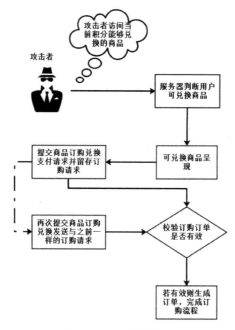

图 10-22　测试流程图

步骤一：在生成订单流程时抓取订购请求，如图 10-23 所示。

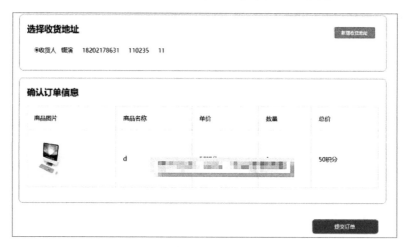

图 10-23　生成订购请求页面

步骤二：观察每次订购相同商品的请求是否存在不同的随机 Token、可变参数等，若有则检查这些随机数的变化情况和失效情况，是否在当前订购流程中唯一有效，如图 10-24 所示。

图 10-24　留存订购 HTTP 请求

步骤三：尝试重放之前已经完成流程的订购请求，观察服务器端是否做出正确响应，若订购再次生效，订单再次生成则表明服务器存在脆弱性，如图 10-25 所示。

我的订单	订单详情						
地址管理	订单号	宝贝名称	积分	数量	收货人	状态	创建时间
积分查询	1496989536096	d	50.0	1	锡演	审核中	2017-06-09 14:25:36
	1496989144225	d	50.0	1	锡演	审核中	2017-06-09 14:19:04
	1496989074785	d	50.0	1	锡演	审核中	2017-06-09 14:17:54
	1496988884706	d	50.0	1	锡演	审核中	2017-06-09 14:14:44
	1496988082644	d	50.0	1	锡演	审核中	2017-06-09 14:01:22

图 10-25　将订购 HTTP 请求进行重放发送

10.4.3　修复建议

用户每次订单 Token 不应该能重复提交，避免产生重放订购请求的情况。在服务器订单生成关键环节，应该对订单 Token 对应的订购信息内容、用户身份、用户可用积分等进行强校验。

10.5 业务上限测试

10.5.1 测试原理和方法

业务上限测试主要是针对一些电商类应用程序在进行业务办理流程中，服务端没有对用户提交的查询范围、订单数量、金额等数据进行严格校验而引发的一些业务逻辑漏洞。通常情况下，在业务流程中通过向服务端提交高于或低于预期的数据以校验服务端是否对所提交的数据做预期强校验。存在此类脆弱性的应用程序，通常表现为查询到超出预期的信息、订购或兑换超出预期范围的商品等。

10.5.2 测试过程

该项测试主要判断应用程序是否对业务预期范围外的业务请求做出正确回应，如图 10-26 所示。

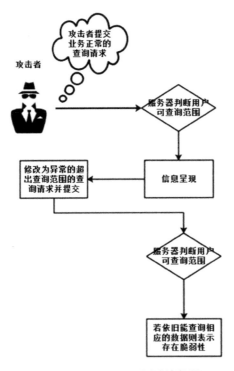

图 10-26　测试流程图

步骤一：在业务查询-受理记录查询中，应用程序只允许登录用户查询 6 个月内的受理记录，但是通过抓包分析出查询请求中存在明文字段 month，如图 10-27 所示。

图 10-27　实际业务查询范围

步骤二：将 month 设置的查询范围调高到 6 个月以上并提交，应用程序返回了超过 6 个月的受理记录，表明服务器端并没有限制用户的查询时间，如图 10-28 所示。

```
POST /mini/operationservice/queryHistoryBusinessBL.do HTTP/1.1
Host:
User-Agent: Mozilla/5.0 (Linux; U; Android 2.2; en-us; Nexus One
Build/FRF91) AppleWebKit/533.1 (KHTML, like Gecko) Version/4.0 Mobile
Safari/533.1
Accept: text/html,application/xhtml+xml,application/xml;q=0.9,*/*;q=0.8
Accept-Language: zh-cn,en-us;q=0.7,en;q=0.3
Accept-Encoding: gzip, deflate
Referer:
http:                          ationservice/beforeHistoryBusinessBL.do
Cookie: JSESSIONID=2D12B8UB51A71BE14CF5BB364AFEC0B2;
BIGipServernew216_8029_pool=1838255626.41759.0000;
BIGipServerVS_SJYYT_80_2_pool=562204170.20480.0000;
unicomMobileNum="ximnbgXNojLgs7UGRrMeF4cEu7jsvmjRGMc+/b8ewZugSs8gxNZ6fA==
"
Connection: keep-alive
Content-Type: application/x-www-form-urlencoded
Content-Length: 29

month=2010-12-01%262013-12-31
```

图 10-28　修改查询范围

步骤三：成功查询到大于 6 个月的办理记录，表明该功能不符合业务要求，如图 10-29 所示。

图 10-29　超出限制范围的查询结果

10.5.3　修复建议

在服务器端应该对订单 Token 对应的订购信息内容、用户身份、用户可用积分等进行强校验。服务端应考虑交易风险控制，对产生异常情况的交易行为（如用户积分数额为负值、兑换库存数量为 0 的商品等）应当直接予以限制、阻断，而非继续完成整个交易流程。

第 11 章

业务流程乱序测试

11.1 业务流程绕过测试

11.1.1 测试原理和方法

该项测试主要针对业务流程的处理流程是否正常，确保攻击者无法通过技术手段绕过某些重要流程步骤，检验办理业务过程中是否有控制机制来保证其遵循正常流程。例如业务流程分为三步：第一步，注册并发送验证码；第二步，输入验证码；第三步，注册成功。在第三步进行抓包分析，将邮箱或手机号替换为其他人的，如果成功注册，就跳过了第一步和第二步，绕过了正常的业务流程。

11.1.2 测试过程

攻击者访问注册页面，注册测试账户，充值提交并抓取数据包，填写任意充值金额并抓包，获取订单号，利用订单号构造充值链接并访问链接，查看是否充值成功，如果充值成功说明存在业务流程绕过问题，如图 11-1 所示。

以某社交网站为例，经过测试发现订单生成后流程走至链接 http://www.xxx.com/index.php?controller=site&action=payok&out_trade_no=，只要提供对应的充值订单号就可以绕过支付环节，未经支付直接充值成功。

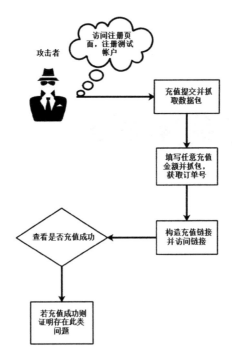

图 11-1　业务流程绕过测试流程

步骤一：新注册一个账号进行测试，如图 11-2 所示。

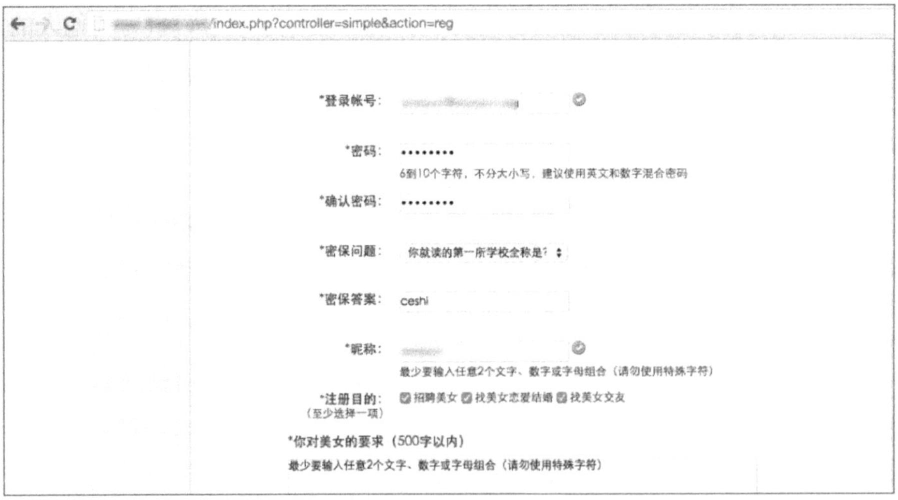

图 11-2　注册账号

账号余额为 0，如图 11-3 所示。

图 11-3　账户余额

步骤二：对账号充值并用 Burp Suite 工具进行数据包截取，金额可随意填写，如图 11-4 所示。

图 11-4　充值并抓包

步骤三：截获支付订单数据包，放弃支付，获取生成的订单号，如图 11-5 所示。

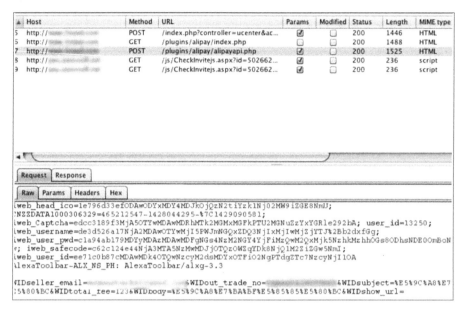

图 11-5　获取支付订单号

步骤四：利用获取的订单号构造链接 http://www.xxx.com/index.php?controller=
site&action=payok&out_trade_no=充值订单号，直接访问这个链接即可成功充值，如
图 11-6 所示。

图 11-6　支付成功

充值后的余额如图 11-7 所示。

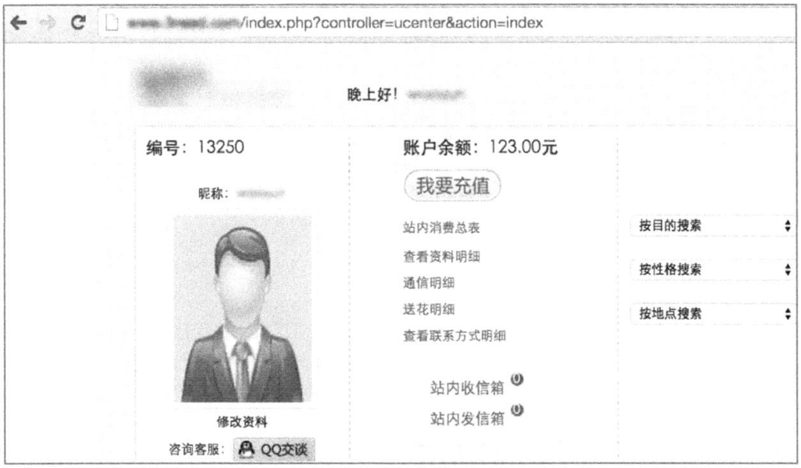

图 11-7 充值后的余额

11.1.3 修复建议

针对此类漏洞，建议对敏感信息如身份 ID、账号密码、订单号、金额等进行加密处理，并在服务端对其进行二次比对。

第 12 章

密码找回模块测试

12.1 验证码客户端回显测试

12.1.1 测试原理和方法

找回密码测试中要注意验证码是否会回显在响应中，有些网站程序会选择将验证码回显在响应中，来判断用户输入的验证码是否和响应中的验证码一致，如果一致就会通过校验。

12.1.2 测试流程

填入要找回的账号，通过 Burp 抓取返回包找到正确验证码，将正确验证码发送给服务端已达到密码重置的目的，如图 12-1 所示。

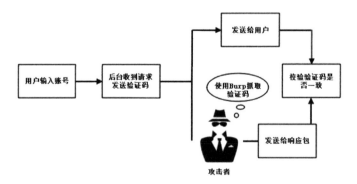

图 12-1 验证码发送流

步骤一：网站中一般第一步会要求用户填写账号信息以便发送验证码到用户的邮箱或者手机号中等待用户查收校验，如图 12-2 所示。

图 12-2 找回密码界面

步骤二：在找回密码测试中需要对发送验证码的请求抓包，观察它的响应结果。本书中使用工具 Burp Suite 拦截请求，如图 12-3 所示。

图 12-3 发送验证码请求包

步骤三：拦截到请求包后，通过观察可以发现 object 参数是验证码的发送邮箱。

POST /member/same/password?type=email&object=xxxxxx@126.com
HTTP/1.1Host: www.xxxxx.com

如果是这个账号的用户，那么就可以在自己的邮件中看到验证码，但是如果不是自己的账号当验证码发生泄露后任意账号密码修改的漏洞就触发了。

步骤四：查看响应包中的内容，如图 12-4 示。

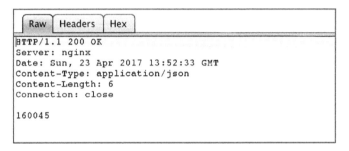

```
HTTP/1.1 200 OK
Server: nginx
Date: Sun, 23 Apr 2017 13:52:33 GMT
Content-Type: application/json
Content-Length: 6
Connection: close

160045
```

图 12-4　查看验证码响应包

步骤五：当响应包中返回验证码后就泄露了找回密码的凭证，攻击者只需要利用响应中的验证码就可以通过找回密码功能修改密码，这样就绕过了只有用户自己邮箱或者手机才能看到验证码的条件而达到密码修改的目的，如图 12-5 所示。

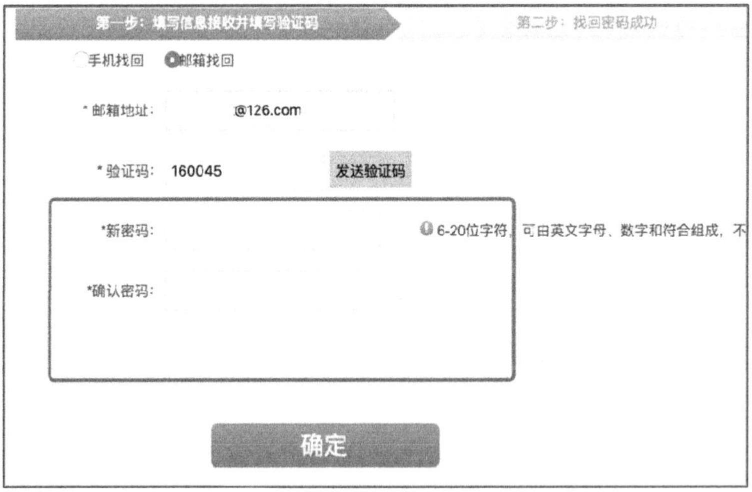

第一步：填写信息接收并填写验证码　　　　第二步：找回密码成功

　手机找回　◉邮箱找回

* 邮箱地址：　　@126.com

* 验证码：　160045　　发送验证码

*新密码：　　　　　　⑥ 6-20位字符，可由英文字母、数字和符合组成，不

*确认密码：

确定

图 12-5　验证码校验成功进入密码修改界面

12.1.3 修复建议

避免返回验证码到响应包中，验证码一定要放在服务端校验。

12.2 验证码暴力破解测试

12.2.1 测试原理和方法

找回密码功能模块中通常会将用户凭证（一般为验证码）发送到用户自己才可以看到的手机号或者邮箱中，只要用户不泄露自己的验证码就不会被攻击者利用，但是有些应用程序在验证码发送功能模块中验证码位数及复杂性较弱，也没有对验证码做次数限制而导致验证码可被暴力枚举并修改任意用户密码。

在测试验证码是否可以被暴力枚举时，可以先将验证码多次发送给自己的账号，观察验证码是否有规律，如每次接收到的验证码为纯数字并且是 4 位数。

12.2.2 测试流程

验证码暴力破解是指在密码重置的过程中使用 Burp Suite 不断地尝试对验证码进行猜解的测试。一旦验证码猜解成功即可对被攻击账号进行密码重置，如图 12-6 所示。

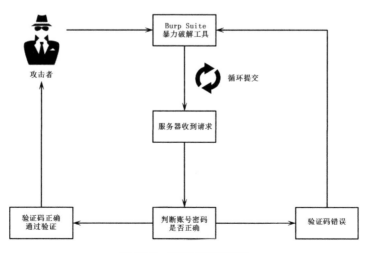

图 12-6　验证码发送流程

步骤一：在某 App 的找回密码功能模块中要求用户输入手机号并发送验证码，可以先将验证码发送到自己手机号来查看验证码是否有规律，可以被暴力枚举。案例中验证码为 4 位数，如图 12-7 所示。

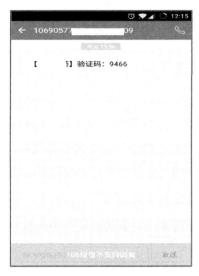

图 12-7　验证码是 4 位数字

步骤二：当确定用户验证码可以暴力枚举后，可以抓取验证码校验请求，对验证码进行暴力破解。在验证码未知的情况下，可以先填写任意 4 位数字，如图 12-8 所示。

图 12-8　抓取验证请求包

步骤三：当请求包被拦截后可以观察参数名为 mm 的请求值是用户的手机号码，参数名为 pno 的请求值是验证码（在还不知道验证码的情况下随意填写的），参数名为 pas 的参数值是验证码校验成功后要修改的密码，如图 12-9 所示。

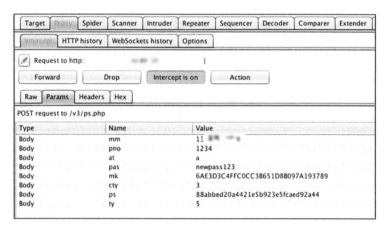

图 12-9 验证码校验请求包

请求包如下：

```
POST /v3/ps.php HTTP/1.1
Content-Type: application/x-www-form-urlencoded;charset=UTF-8
Content-Length: 126
User-Agent: Dalvik/2.1.0 (Linux; U; Android 7.0; android Build/NRD90M)
Host: www.xxx.com
Connection: close
Accept-Encoding: gzip

mm=1xxxxxxx274&pno=1234&at=a&pas=newpass123&mk=6AE3D3C4FFC0CC3B651D8
B097A193789&cty=3&ps=88abbed20a4421e5b923e5fcaed92a44&ty=5
```

步骤四：这里可以将请求包发送到 Burp Suite 工具中的 Intruder 模块中，并把 pno 验证码参数设置为变量载入 4 位数字的密码字典进行枚举测试，可以通过 length 响应长度来观察 payload 请求的验证码是否和其他请求不一样，如果发生不一样的情况可能就是真实的验证码。如图 12-10 所示，从响应包内容可以观察出验证码枚举猜解正确并修改密码成功。

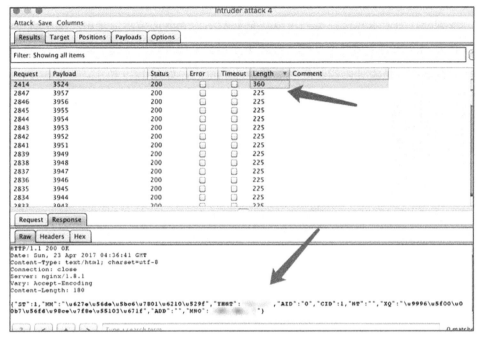

图 12-10 验证码暴力枚举

12.2.3 修复建议

为了避免出现验证码被暴力破解的情况，建议对用户输入的验证码校验采取错误次数限制并提高验证码的复杂度。

12.3 接口参数账号修改测试

12.3.1 测试原理和方法

找回密码功能逻辑中常常会在用户修改密码接口提交参数中存在传递用户账号的参数，而用户账号参数作为一个可控的变量是可以被篡改的，从而导致修改账号密码的凭证或修改的目标账号出现偏差，最终造成任意账号密码修改的漏洞，如图 12-11 所示。

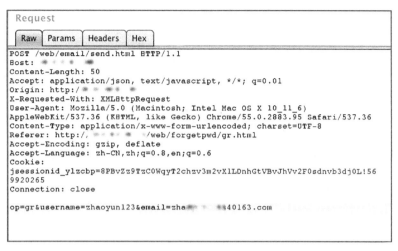

图 12-11　修改密码接口存在 email 参数

通常在找回密码逻辑中，服务端会要求用户提供要修改的账号，然后给这个账号发送只有账号主人才能看到的凭证。比如给这个账号主人绑定的邮箱或手机号发送验证码，或者找回密码的链接，这样可以保证只有账号主人才可以看到这些凭证。但是如果服务端对账号的控制逻辑不当，就会导致原有账号被篡改为其他账号，服务端把凭证发送给篡改后的账号的邮箱或手机，最终造成可利用凭证重置任意账号密码的漏洞。

12.3.2　测试流程

接口参数账号修改测试流程为拦截前端请求，通过修改请求内邮箱或手机号等参数，将修改后数据发送给服务器进行欺骗达到密码重置的目的，如图 12-12 所示。

步骤一：在某网站的找回密码功能中，当输入用户账号后会出现发送重置密码邮件的按钮。在单击发送按钮时抓包，可以看到用户的邮箱已经出现在了数据包的 email 参数值中，那么尝试将 email 参数修改为我们自己的邮箱会出现什么情况？如图 12-13 所示。

步骤二：修改 email 参数的值后，网站提示邮件已经发送成功，此时可以打开我们自己的邮箱查看修改密码邮件是否收到，如图 12-14 所示。

图 12-12　接口参数修改流程

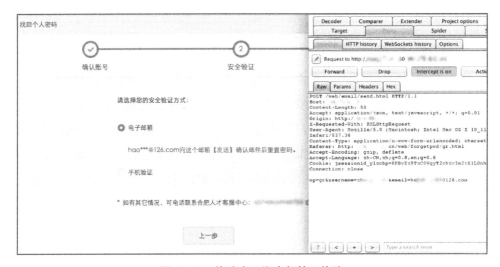

图 12-13　修改密码绑定邮箱可修改

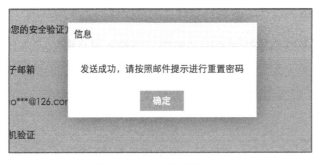

图 12-14　发送邮件成功

步骤三：可以看到修改密码的链接已经发送到邮箱中，打开链接即可修改目标用户的密码，尽管目标用户绑定的并不是我们的邮箱，服务端仍将邮件发送到了我们篡改后的邮箱中，如图 12-15 所示。

图 12-15　接收到修改密码邮件

步骤四：通过上面的案例可以看到，服务端并没有校验这个邮箱是否是该账号绑定的邮箱，而是直接向请求中的 email 参数对应的邮箱发送邮件。类似这种直接修改请求参数的情况不仅在发送邮件时存在，如果修改密码请求中包含目标账号参数，也可以通过篡改账号参数重置目标账号密码，如图 12-16 所示。

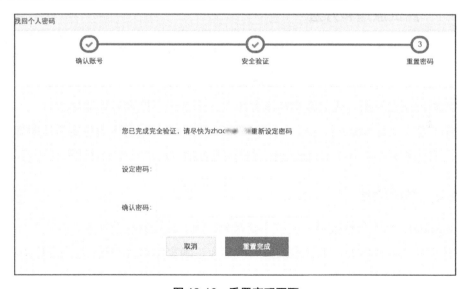

图 12-16　重置密码页面

例如，某个找回密码发送给用户邮件中的接口 URL 如下：

http://www.xxx.com/repwd?account=abcabc@126.com&token=1239392342234

那么只需要将 account 参数修改为我们需要的账号，如 foo@163.com，修改后如下：

http://www.xxx.com/repwd?account=foo@163&token=1239392342234

因为这里的 Token 可重复使用，这样就可以直接修改掉 foo@163.com 账号的密码了，在测试找回密码功能模块时要留意数据包参数中的账号是否可修改。

12.3.3 修复建议

对找回密码的 Token 做一对一的校验，一个 Token 只能修改一个用户，同时一定要保证 Token 不泄露。

12.4 Response 状态值修改测试

12.4.1 测试原理和方法

Response 状态值修改测试，即修改请求的响应结果来达到密码重置的目的，存在这种漏洞的网站或者手机 App 往往因为校验不严格而导致了非常危险的重置密码操作。

这种漏洞的利用方式通常是在服务端发送某个密码重置的凭证请求后，出现特定的响应值，比如 true、1、ok、success 等，网站看到回显内容为特定值后即修改密码，通常这种漏洞的回显值校验是在客户端进行的，所以只需要修改回显即可。

12.4.2 测试流程

Response 状态值修改测试流程主要是分析服务端校验后的结果，正确和错误分别是什么样的返回结果，通过修改返回结果为正确来欺骗客户端，以达到密码重置的目的，如图 12-17 所示。

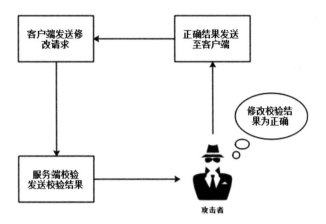

图 12-17　Response 状态值修改测试流程

步骤一：某网站的找回密码功能需要发送验证码到用户手机，用户输入收到的验证码即可重置密码。但是如果他的回显值被修改呢？我们来做个测试，输入要找回的目标手机号，短信认证码可以随便填写，然后单击"找回密码"按钮对该请求抓包，如图 12-18 所示。

图 12-18　找回密码页面

步骤二：可以看到这个请求包含了 validateCode 和 phone 两个参数，在 Burp Suite 中右击 intercept 选项，选择 Do intercept→Response to this request，设置后就可以看到

这个请求的回显 Response 包了，如图 12-19 所示，接着单击"Forward"转发这个请求。

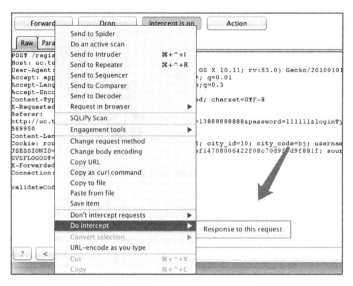

图 12-19　设置请求响应拦截

步骤三：转发后可以看到 Response 的回显包已经成功接收到了，但是包返回的值是 false，通常 false 是失败的含义，也就是说服务端校验验证码的时候发现验证码不一致然后返回了 false 给客户端，这里我们可以尝试修改 false 值为 true，然后单击"Intercept is on"按钮关闭拦截让数据包正常发送，如图 12-20、图 12-21 所示。

```
Raw  Headers  Hex

HTTP/1.1 200 OK
Date: Sun, 04 Jun 2017 10:06:24 GMT
Content-Type: text/html; charset=UTF-8
Connection: close
Vary: Accept-Encoding
Vary: Accept-Encoding
Expires: Thu, 01 Jan 1970 00:00:00 GMT
Set-Cookie: username=; domain= ***** *  path=/; expires=Fri, 22-J
X-Cache: bypass
Content-Length: 5

false
```

图 12-20　服务端返回 false

步骤四：接着可以看到页面直接跳转到了重置密码页面，如图 12-22 所示，于是轻松达到了任意密码修改的目的，在这个测试过程中只需要知道目标的账号而不需要知道任何绑定邮箱或者验证码就可以修改密码。

图 12-21　修改 false 为 true

图 12-22　进入重置密码页面

12.4.3　修复建议

注意不要在前端利用服务端返回的值判断是否可以修改密码，要把整个校验环节交给服务端验证。

12.5　Session 覆盖测试

12.5.1　测试原理和方法

找回密码逻辑漏洞测试中也会遇到参数不可控的情况，比如要修改的用户名或者绑定的手机号无法在提交参数时修改，服务端通过读取当前 session 会话来判断要修改密码的账号，这种情况下能否对 Session 中的内容做修改以达到任意密码重置的目的呢？

在某网站中的找回密码功能中，业务逻辑是：由用户使用手机进行注册，然后服务端向手机发送验证码短信，用户输入验证码提交后，进入密码重置页面。

对网站中 Session 覆盖的测试如下：

（1）需要准备自己的账号接收凭证（短信验证码）；

（2）获得凭证校验成功后进入密码重置页面；

（3）在浏览器新标签重新打开找回密码页面，输入目标手机号；

（4）此时当前 Session 账户已经被覆盖，重新回到第二步中打开的重置密码页面即可重置目标手机号。

12.5.2　测试流程

步骤一：在找回密码页面中输入 A 手机号（尾号 3274），然后单击"下一步"按钮，如图 12-23 所示。

图 12-23　找回密码第一步

步骤二：单击"立即验证"按钮，接收短信验证码。输入验证码通过验证后，就可以进入密码重置页面了，如图 12-24、图 12-25 所示。

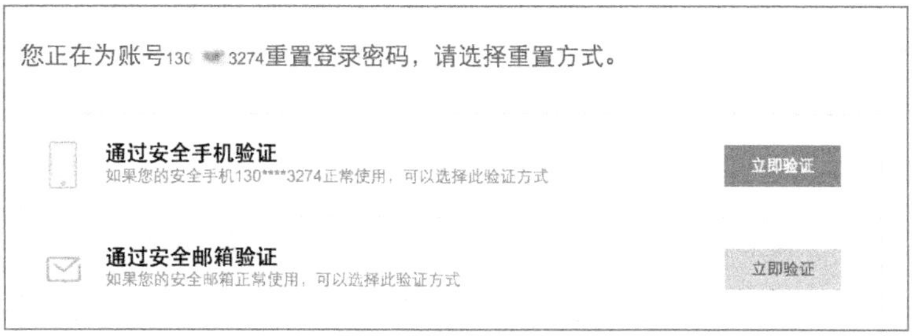

图 12-24　找回密码第二步验证手机号

图 12-25　进入重置密码页面

步骤三：这里我们密码重置的目标账号是 B 手机号（尾号为 5743），接下来打开一个新的标签并进入找回密码第一步的页面，输入 B 手机号后单击"下一步"按钮，如图 12-26 所示。

图 12-26　新标签重新进入找回密码覆盖 session

步骤四：此时成功进入第二步，向 B 手机号（尾号为 5743）发送验证码。B 手

机收到的短信验证码我们无法得知，但是不要担心，在这一步服务端已经将当前
Session 会话设置为 B 手机号（尾号为 5743）的用户，这个时候再刷新 A 手机号（尾
号 3274）密码重置页面。

步骤五：通过观察页面上显示的手机号，可以看出已经由 A 手机号（尾号 3274）
改为了 B 手机号（尾号为 5743），这说明 Session 成功覆盖了。这意味着重置密码将
修改的是 B 手机号（尾号为 5743）的密码，如图 12-27 所示，这样就又诞生了一个
任意密码重置漏洞。

图 12-27　重新进入找回密码页面

12.5.3　修复建议

Session 覆盖类似于账号参数的修改，只是以控制当前 Session 的方式篡改了要重置
密码的账号，在重置密码请求中一定要对修改的账号和凭证是否一致做进一步的校验。

12.6　弱 Token 设计缺陷测试

12.6.1　测试原理和方法

在找回密码功能中，很多网站会向用户邮箱发送找回密码页面链接。用户只需
要进入邮箱，打开找回密码邮件中的链接，就可以进入密码重置页面了。找回密码
的链接通常会加入校验参数来确认链接的有效性，通过校验参数的值与数据库生成
的值是否一致来判断当前找回密码的链接是否有效。

例如，网站给出的找回密码的 url 如下，单击这个链接将跳转到重置密码页面。

http://www.xxx.com/findpwd?uid=xx-uu-xx-sxx&token=1497515314

观察这个链接的参数，uid 参数可能是对应修改密码的账户，Token 就是之前提到的校验参数了，这个参数的值看起来像一个时间戳，猜测系统生成这个 token 的机制就是使用的时间戳。把这个值通过时间格式化后发现确实变成了日期，那么这个 Token 就是可预测的一个时间范围的时间戳，只需要通过这个时间段就可以推测或者暴力枚举出系统生成的时间戳值了，如图 12-27 所示。

图 12-28　时间戳转换

类似这样的弱 Token 现象有很多，比如将用户的 uid 加密成 MD5 或者 base64 编码，或者直接用 uid+4 位随机数等这种可预测性的内容作为 Token，测试时只需要多发几个找回密码的请求观察系统每次发送的找回密码链接中的参数值是否有规律即可。

12.6.2　测试流程

步骤一：在类似的接收凭证方式的密码找回功能中，填写邮箱或者手机号，多单击几次发送验证信息，可以在邮箱中获得多个找回密码的凭证，如图 12-29、图 12-30 所示。

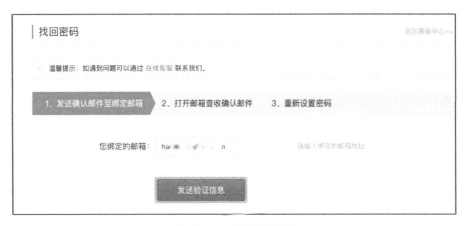

图 12-29　发送验证信息

151

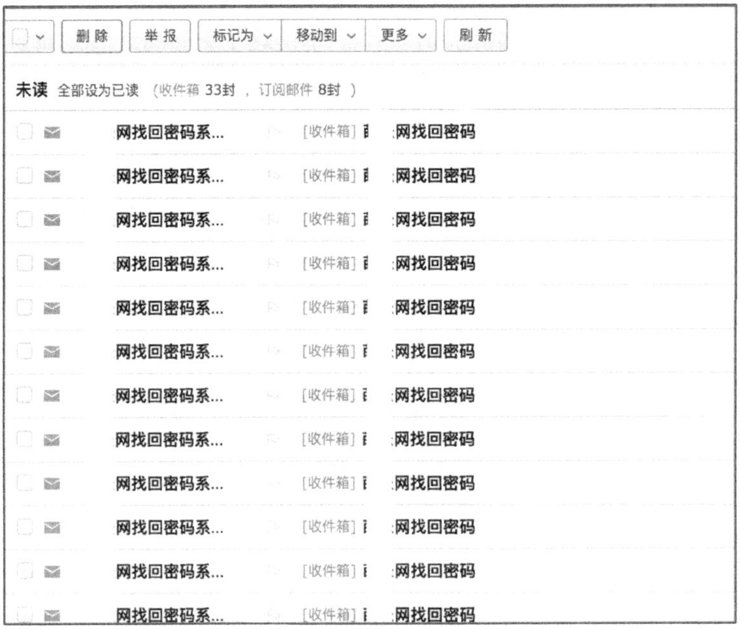

图 12-30　接收多个找回密码邮件

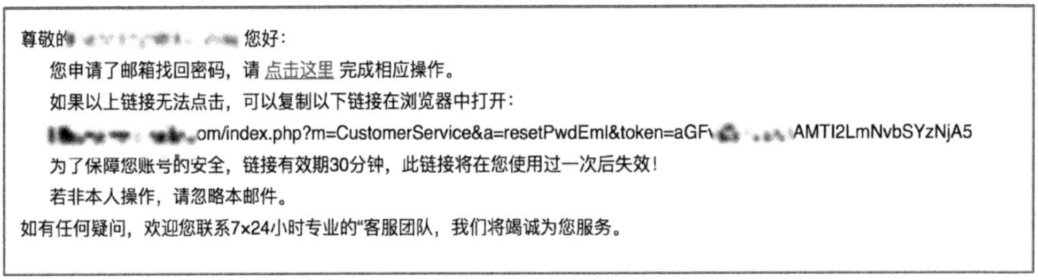

尊敬的 ●●●●●●●● 您好：

您申请了邮箱找回密码，请 点击这里 完成相应操作。

如果以上链接无法点击，可以复制以下链接在浏览器中打开：

●●●●●●●●●●om/index.php?m=CustomerService&a=resetPwdEml&token=aGF●●●●●●AMTl2LmNvbSYzNjA5

为了保障您账号的安全，链接有效期30分钟，此链接将在您使用过一次后失效！

若非本人操作，请忽略本邮件。

如有任何疑问，欢迎您联系7×24小时专业的"客服团队，我们将竭诚为您服务。

图 12-31　找回密码邮件内容

步骤二：邮箱中收到多封密码找回邮件，观察链接中的密码找回凭证是否有规律可循，以下列出几个找回密码的链接。

第一封邮件：

http://www.xxx.com/index.php?m=CustomerService&a=resetPwdEml&token=dGVz
dEAxMjYuY29tJjk5NTk=

第二封邮件：

http://www.xxx.com/index.php?m=CustomerService&a=resetPwdEml&token=dGVz
dEAxMjYuY29tJjI2ODI=

第三封邮件：

http://www.xxx.com/index.php?m=CustomerService&a=resetPwdEml&token=dGVz
dEAxMjYuY29tJjk4NzY=

步骤三：通过对比发现 Token 参数在不断地变化，参数似乎是通过 base64 编码的，对此可以对这三个链接中的 Token 参数做 base64 解码操作，结果如表 12-1 所示

表 12-1　解码结果

编码前	解码后
dGVzdEAxMjYuY29tJjk5NTk=	test@126.com&9959
dGVzdEAxMjYuY29tJjI2ODI=	test@126.com&2682
dGVzdEAxMjYuY29tJjk4NzY=	test@126.com&9876

步骤四：解码后可以发现每一个 Token 的值是可以预测的，Token 的生成机制应该是"base64 编码（用户邮箱+随机 4 位验证码）"，这样就可以通过暴力枚举获得验证码，加上用户名再进行 base64 编码，最后得到任意用户的密码找回凭证。

12.6.3　修复建议

密码找回的 Token 不能使用时间戳或者用户邮箱和较短有规律可循的数字字符，应当使用复杂的 Token 生成机制让攻击者无法推测出具体的值。

12.7　密码找回流程绕过测试

12.7.1　测试原理和方法

很多网站的密码找回功能一般有以下几个步骤。

（1）用户输入找回密码的账号；

（2）校验凭证：向用户发送短信验证码或者找回密码链接，用户回填验证码或单击链接进入密码重置页面，以此方式证明当前操作用户是账号主人；

（3）校验成功进入重置密码页面。

在找回密码逻辑中，第二步校验凭证最为重要。不是账号主人是无法收到校验凭证的，试想有没有办法可以绕过第二步凭证校验，直接进入第三步重置密码呢？

用户修改密码需要向服务器发送修改密码请求，服务器通过后再修改数据库中相应的密码，所以在测试中我们首先要收集三个步骤的请求接口，重点是收集到最后一步重置密码的接口，这样我们可以直接跳过凭证校验的接口去尝试直接重置密码。

在下面的密码找回案例中，需要用户填写要找回的账号然后验证身份，之后才可以进入设置新密码的页面，我们需要对这个流程所有请求的接口做分析，找出最后一步重置密码的接口，接着使用 URL 测试是否可以跳过验证身份环节。

12.7.2　测试流程

步骤一：先注册一个自己的账号用于测试所有流程，如图 12-32 所示，在找回密码页面中先输入自己的账号单击"下一步"按钮，找回密码页面 URL 为 GET /account/findPassword.html。

图 12-32　找回密码流程界面

步骤二：进入凭证验证流程，这里使用的是自己的账号，所以直接获取凭证，输入后进入下一步，如图 12-33 所示。当前第二步的验证凭证 URL 为 GET

/forgetpwd/findPassNext.do。

步骤三：通过验证以后就可以进入第三步重置密码了，如图 12-34 所示。当前重置密码的 URL 为 GET /forgetpwd/emailValidateNext.do。

图 12-33　第二步发送邮箱凭证验证

图 12-34　第三步重置新密码

步骤四：通过使用自己的账号使用正常顺序流程找回密码成功，我们也获取到了三个步骤的所有 URL，最后整理如下。

（1）GET /account/findPassword.html　//输入用户账号页面

（2）GET /forgetpwd/findPassNext.do　//验证身份页面

（3）GET /forgetpwd/emailValidateNext.do //设置新密码页面

接下来可以尝试在第一步输入账号后进入第二步验证身份页面，在这个页面直接修改 URL 为第三步的 URL，访问看看是否可以直接进入密码重置页面，如图 12-35 所示。

图 12-35　第二步发送邮箱凭证验证

经过测试以后发现不需要验证身份可以直接进入重置密码页面，如图 12-36 所示，那么最重要的验证身份这一步就被轻松绕过了，如图 12-37 所示。

图 12-36　第二步发送邮箱凭证验证

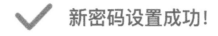

图 12-37　跳过第二部验证修改密码成功

12.7.3　修复建议

防止跳过验证步骤一定要在后端逻辑校验中确认上一步流程已经完成。

第13章

■■■■

业务接口调用模块测试

13.1 接口调用重放测试

13.1.1 测试原理和方法

在短信、邮件调用业务或生成业务数据环节中，如短信验证码、邮件验证码、订单生成、评论提交等，对业务环节进行调用（重放）测试。如果业务经过调用（重放）后多次生成有效的业务或数据结果，可判断为存在接口调用（重放）问题。

13.1.2 测试过程

如图 13-1 所示，在进行接口调用重放测试时，攻击者与普通用户的区别在于他会通过工具（如 Burp Suite）抓取订单请求，然后在短时间内通过 Burp Suite 工具的 Repeater 对请求（如订单请求）进行多次重放，服务器则会根据请求在短时间内执行多个有效操作（如生成订单）。

测试过程以某购买机票系统为例。

步骤一：如图 13-2 所示，在购买机票"提交订单"环节抓取数据包。

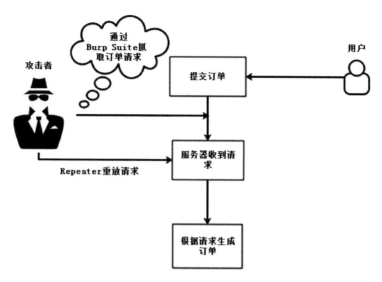

图 13-1　接口调用重放测试流程图

图 13-2　提交订单

步骤二：如图 13-3 所示，使用 Burp Suite 工具对生成订单的数据包进行重放测试。

步骤三：如图 13-4 所示，查看返回结果，订单在 1 分钟内重复生成。

图 13-3　Burp Suite 抓取提交订单的请求

图 13-4　一分钟内生成重复订单

13.1.3　修复建议

（1）对生成订单环节采用验证码机制，防止生成数据业务被恶意调用。

（2）每一个订单使用唯一的 Token，订单提交一次后，Token 失效。

13.2　接口调用遍历测试

13.2.1　测试原理和方法

Web 接口一般将常见的一些功能需求进行封装，通过传入不同的参数来获取数据或者执行相应的功能，其中一个最常见的场景就是通过接口传入 id 参数，返回对应 id 的一些信息。在安全测试中，我们可以使用 Burp Suite 作为 HTTP 代理，记录所有请求和响应信息，通过 Burp Suite 以登录后的状态对整站进行爬取，再使用过滤功能找到传入 id 参数的 HTTP 请求，然后通过 Intruder 对 id 参数进行遍历，看是否返回不同的响应信息。如果不同的 id 值对应不同用户的信息，则说明存在漏洞。

13.2.2　测试过程

如图 13-6 所示，攻击者在测试前，使用 Brup Suite 的爬虫功能对网站进行爬取，然后筛选出包含用户标识参数的请求（如 id、uid），对筛选后的每一个请求进行分析，判断其是否包含敏感信息。如果包含敏感信息，则通过 Brup Suite 的 Intruder 设置用户标识参数为变量来进行遍历，如果返回他人信息，则漏洞存在。

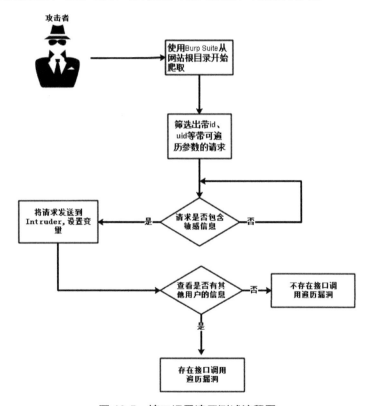

图 13-5　接口调用遍历测试流程图

步骤一：如图 13-6 所示，使用 Burp Suite 的爬虫功能，从重点关注的目录（一般为网站根目录）开始爬取，在 HTTP history 选项卡中选中要开始爬取的项，单击鼠标右键，选择"Spider from here"，爬取登录后的网站链接。

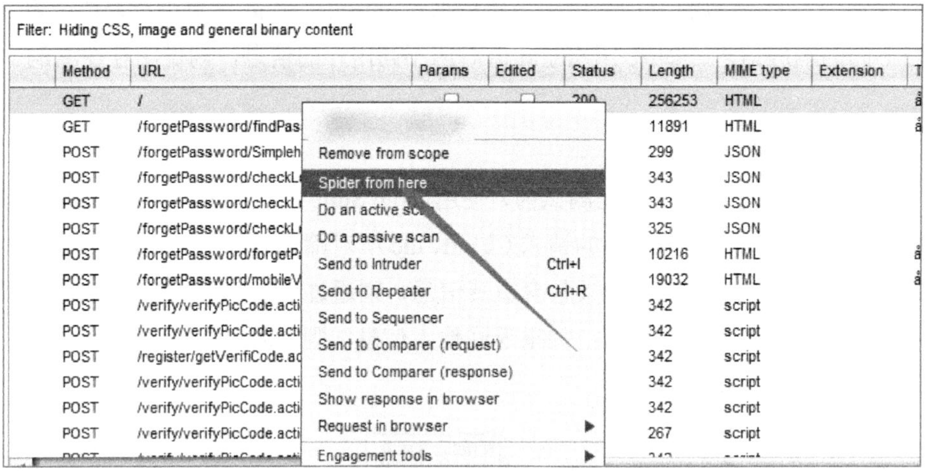

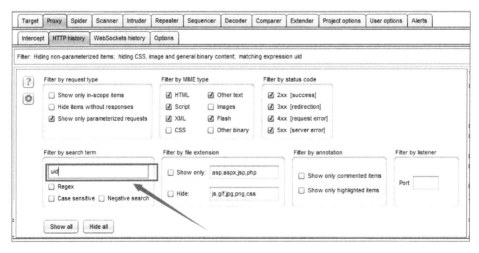

图 13-6　使用 Burp Suite 爬取网站根目录

如图 13-7 所示，爬取的结果会在 Target→Site map 中显示，在爬取完毕后，再使用 Burp Suite 的过滤功能筛选出带有 uid 参数的链接，没有包含 uid 字符串的 HTTP 请求会被隐藏起来，不会在 HTTP history 中显示。

图 13-7　过滤出带有 uid 的请求

如图 13-8 所示，在请求中找到 uid 参数出现的位置。

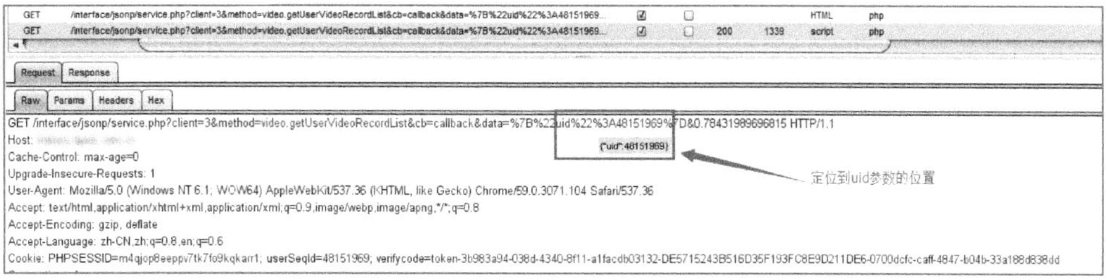

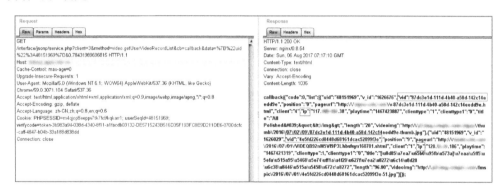

图 13-8 定位 uid 参数的出现位置

步骤二：如图 13-9 所示，查看对应的 HTTP 请求的响应包中是否带有想要的信息。由 HTTP 请求的参数我们可以猜测到这个请求的功能，如 method 参数值为 video.getUserVideoRecordList，作用是获取对应 uid 的视频播放的历史记录，由响应内容可以确定。

图 13-9 查看对应的请求和响应

HTTP 响应中包含一些敏感信息，如观看视频时的 ip 地址、视频 id、视频的标题等。如图 13-9 所示，第一个 title 的值为 All Polished'"<\/img>，在浏览器的 console 终端通过 document.write 函数解码输出后，得到 All Polished'"</img，如图 13-10 所示。

如图 13-11 所示，将 title 的值和视频历史播放记录进行比较，可以发现完全一致。

163

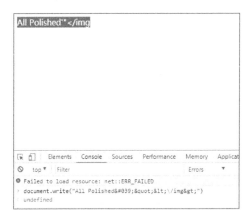

图 13-10　解码响应中的 title 值

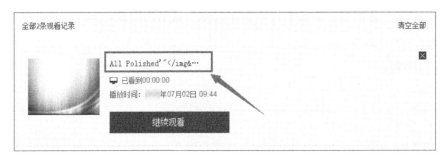

图 13-11　与历史播放记录进行比较

步骤三：如图 13-12 所示，将 HTTP 请求发送到 Intruder，设置后四位数字为变量，进行遍历测试。

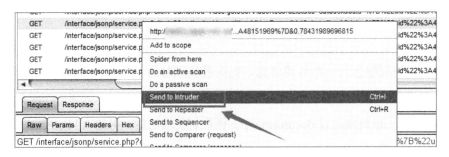

图 13-12　发送到 Intruder

如图 13-13 所示，我们设置后四位数字为变量。

图 13-13　设置变量

如图 13-14 所示，设置 Payload 为 0000～9999 的数字。

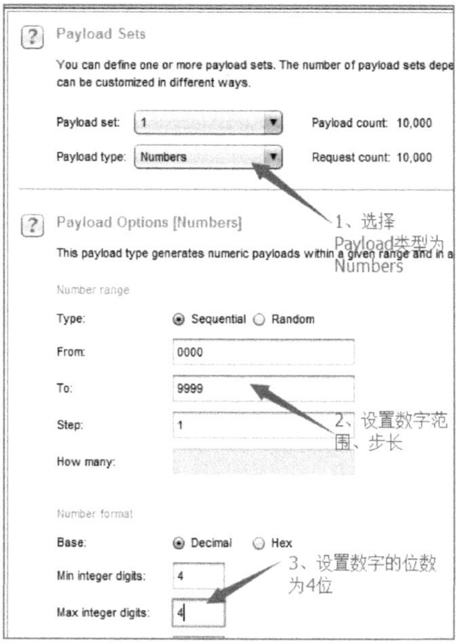

图 13-14　设置 payload

设置完 Payload 后，单击"Start attack"按钮即可开始遍历测试。

步骤四：分析 Intruder 的测试结果，不存在对应的 uid 时，服务器会返回 code

为-201 的响应；存在时，返回的响应会包含"ip"（带双引号）这个字符串，以此来过滤出成功的请求，如图 13-15 所示。

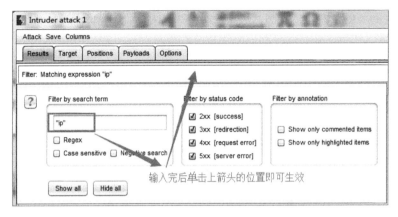

图 13-15　对 Interder 结果进行过滤

如图 13-16 所示，可以看到过滤后的请求，均是有播放记录的请求，确认存在接口调用遍历测试漏洞。

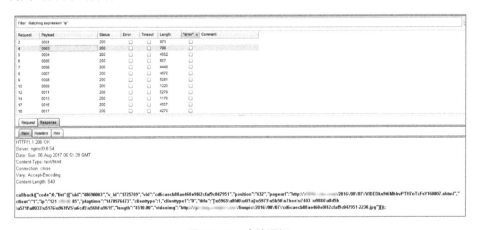

图 13-16　确认漏洞

13.2.3　修复建议

在 Session 中存储当前用户的凭证或者 id，只有传入凭证或者 id 参数值与 Session 中的一致才返回数据内容。

13.3　接口调用参数篡改测试

13.3.1　测试原理和方法

在短信、邮件调用业务环节中，例如短信验证码、邮件验证码。修改对应请求中手机号或邮箱地址参数值提交后，如果修改后的手机号或邮箱收到系统发送的信息，则表示接口数据调用参数可篡改。

13.3.2　测试过程

如图 13-17 所示，攻击者拥有账号 B，用户拥有账号 A。攻击者对账号 A 进行密码找回操作，服务器给账号 A 的邮箱或者手机发送密码重置信息，攻击者进入验证码验证环节，此时攻击者单击"重新发送验证码"并拦截重新发送这个请求，将请求中的接收验证码用户的邮箱或者手机修改为自己的。如果接收到密码重置信息，则存在漏洞。

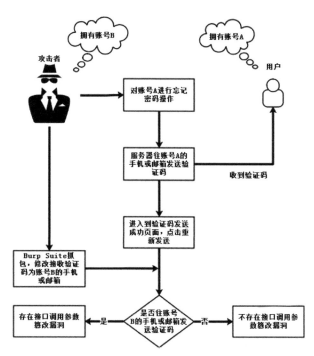

图 13-17　接口调用参数篡改测试流程图

测试过程以某手机 App 系统为例。

步骤一：如图 13-18 所示，在短信验证码页面单击"重新发送"同时抓取数据包。

图 13-18　发送验证码并使用 Burp Suite 抓包

步骤二：如图 13-19 所示，在截取数据中将 param.telno 参数（指定发送手机号码）修改为其他手机号码。

图 13-19　Burp Suite 修改参数值

步骤三：如图 13-20 所示，修改后被指定的手机号收到相应验证码短信。

图 13-20　确认漏洞

13.3.3　修复建议

（1）会话 Session 中存储重要的凭证，在忘记密码、重新发送验证码等业务中，从 Session 获取用户凭证而不是从客户请求的参数中获取。

（2）从客户端处获取手机号、邮箱等账号信息，要与 Session 中的凭证进行对比，验证通过后才允许进行业务操作。

13.4　接口未授权访问/调用测试

13.4.1　测试原理和方法

在正常的业务中，敏感功能的接口需要对访问者的身份进行验证，验证后才允许调用接口进行操作。如果敏感功能接口没有身份校验，那么攻击者无须登录或者验证即可调用接口进行操作。在安全测试中，我们可以使用 Burp Suite 作为 HTTP 代理，在登录状态下记录所有请求和响应信息，筛选出敏感功能、返回敏感数据的请求。在未登录的情况下，使用浏览器访问对应敏感功能的请求，如果返回的数据与登录状态后的一致，则存在漏洞或缺陷。

13.4.2 测试过程

如图 13-21 所示，攻击者在测试前，使用 Brup Suite 的爬虫功能对网站进行爬取，通过 MIME Type 筛选出与接口相关的请求，对筛选后的每一个请求进行判断是否包含敏感信息。如果包含敏感信息，则复制请求 URL 到未进行登录的浏览器进行访问，如果访问后返回之前的敏感信息，则存在漏洞。

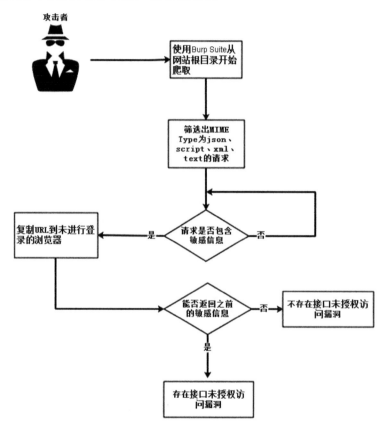

图 13-21　接口未授权访问测试流程图

步骤一：登录后使用 Burp Suite 的爬虫功能，从重点关注的目录（一般为网站根目录）开始爬取，在 HTTP history 选项卡中选中要开始爬取的项，右键选择"Spider from here"。爬取的结果会在 Target→Site map 中显示。如图 13-20 所示，在爬取完毕后，使用 Burp Suite 的 MIME type 过滤功能，筛选出接口相关的 HTTP 请求，重点关注 json、script、xml、text MIME type 等。

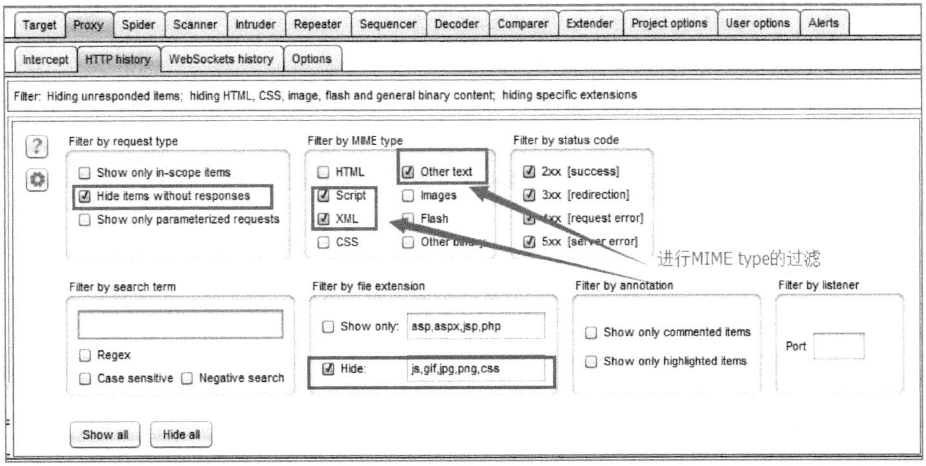

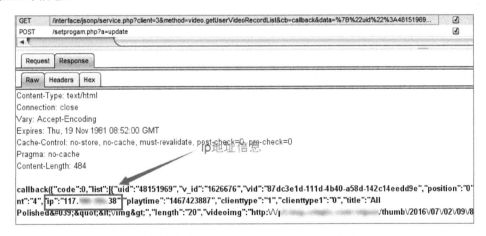

图 13-22 对 MIME type 进行过滤

步骤二：如图 12-23 所示，对接口相关的请求进行查看，查看响应中是否包含想要的敏感信息，如个人电话、IP 地址、兴趣爱好、网站历史记录、身份证、手机号、住址等信息。

图 13-23 查找包含敏感信息的 HTTP 请求

通过查看响应包的具体信息，可以发现返回页面包含敏感信息，如 ip 地址、视频的历史播放等信息，通过这些信息可以了解其位置及关注点。

步骤三：如图 13-24 所示，将完整的请求 URL 复制到未登录的浏览器中，查看能否访问对应 URL 的内容。如果能够返回敏感信息，则说明漏洞存在；如果需要登录验证后才能访问，则不存在该漏洞。

图 13-24　未登录状态下访问 URL

在未进行登录的浏览器上，能够直接返回对应 URL 的页面内容而无须验证其身份，则该网站存在接口未授权访问的漏洞。

13.4.3　修复建议

（1）采用 Token 校验的方式，在 url 中添加一个 Token 参数，只有 Token 验证通过才返回接口数据且 Token 使用一次后失效。

（2）在接口被调用时，后端对会话状态进行验证，如果已经登录，便返回接口数据；如果未登录，则返回自定义的错误信息。

13.5　Callback 自定义测试

13.5.1　测试原理和方法

在浏览器中存在着同源策略，所谓同源是指域名、协议、端口相同。当使用 Ajax 异步传输数据时，非同源域名之间会存在限制。其中有一种解决方法是 JSONP（JSON with Padding），基本原理是利用了 HTML 里<script></script>元素标签，远程调用 JSON 文件来实现数据传递。JSONP 技术中一般使用 Callback（回调函数）参数来声明回调时所使用的函数名，这里往往存在安全问题，由于没有使用白名单的方法进行限制 Callback 的函数名，导致攻击者可以自定义 Callback 内容，从而触发 XSS 等漏洞。

13.5.2　测试过程

如图 13-25 所示，攻击者在测试前，使用 Brup Suite 的爬虫功能对网站进行爬取，筛选出带有 Callback 或者 jsonp 参数的请求，对请求响应的 Content-Type 进行判断，如果 Content-Type 为 text/html，则进行下一步，接着攻击者对 Callback 参数进行分析，如果 Callback 参数允许攻击插入 HTML 标签，则存在漏洞。

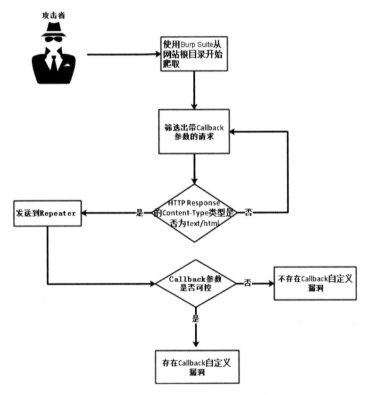

图 13-25　CallBack 测试流程图

步骤一：如图 13-26 所示，使用 Burp Suite 的爬虫功能，从重点关注的目录（一般为网站根目录）开始爬取，在 HTTP history 选项卡中选中要开始爬取的项，右键选择 "Spider from here"。

如图 13-27 所示，爬取的结果会在 Target→Site map 中显示。在爬取完毕后，再使用 Burp Suite 的过滤功能找到带有 Callback 参数的链接，如图 13-28 所示。

173

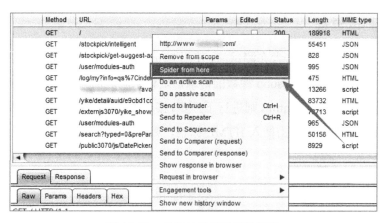

图 13-26　从网站根目录开始爬取

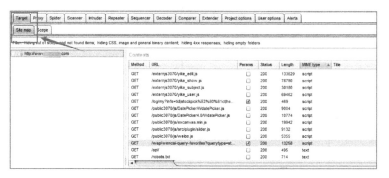

图 13-27　切换到 Site map 标签页

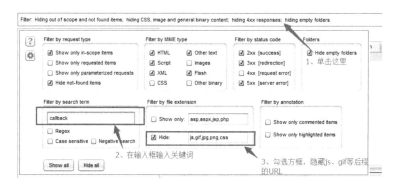

图 13-28　使用 callback 关键词进行过滤

在输入关键词之后，再单击图 13-28 中序号"1"的位置即可让过滤生效。

步骤二：如图 13-29 所示，找到 URL 带有 callback 参数的链接。

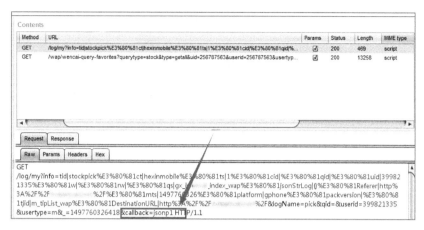

图 13-29　定位到 callback 参数位置

步骤三：查看 URL 对应的 HTTP Response 的 Content-Type 类型是否为 text/html。如果 Content-Type 为 text/html，我们输入的 HTML 标签才会被浏览器解析。如图 12-30 所示，Content-Type 类型为 text/html，将对应的请求发送到 Repeater，继续步骤四。

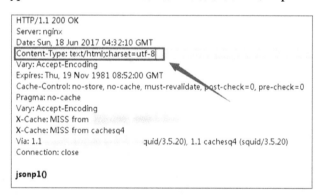

图 13-30　观察响应的 Content-Type

步骤四：如图 13-31 所示，查看 callback 参数是否存在过滤及可控，这时我们需要在 callback 参数值前追加一些文本类的 HTML 标签，不直接使用 script 等标签是避免 waf 等防护设备的检测。我们这里使用的 HTML 标签是一级标题标签<h1>。

如图 13-32 所示，根据 Response 的内容，我们可以了解到 callback 参数不存在过滤及可控。进一步测试发现 info 参数对 Response 的输出内容没有影响，删除掉 info 参数，精简 URL。

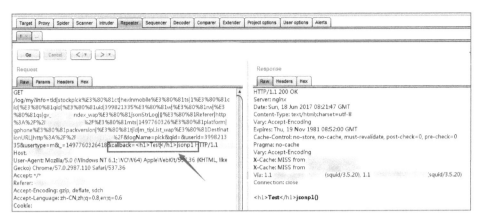

图 13-31　测试 callback 参数是否可控

图 13-32　精简漏洞 URL

步骤五：如图 13-33 所示，将 callback 参数更换成带有恶意行为的 HTML 标签，进行利用。

图 13-33　确认漏洞

13.5.3 修复建议

（1）严格定义 HTTP 响应中的 Content-Type 为 json 数据格式：Content-Type: application / json。

（2）建立 callback 函数白名单，如果传入的 callback 参数值不在白名单内，跳转到统一的异常界面阻止其继续输出。

（3）对 callback 参数进行 HTML 实体编码来过滤掉"<"、">"等字符。

13.6 WebService 测试

13.6.1 测试原理和方法

WebService 是一种跨编程语言和跨操作系统平台的远程调用技术。XML+XSD、SOAP（Simple Object Access Protocol）和 WSDL（Web Services Description Language）就是构成 WebService 平台的三大技术，其中 XML+XSD 用来描述、表达要传输的数据；SOAP 是用于交换 XML 编码信息的轻量级协议，一般以 XML 或者 XSD 作为载体，通过 HTTP 协议发送请求和接收结果，SOAP 协议会在 HTTP 协议的基础上增加一些特定的 HTTP 消息头；WSDL 是一个基于 XML 的用于描述 Web Service 及其函数、参数和返回值的语言。

通过上面的描述，我们可以知道 WebService 就是一个应用程序向外界暴露出一个能通过 Web 进行调用的 API。这个 API 接收用户输入的参数，然后返回相关的数据内容。如果一个 WebService 完全信任用户的输入，不进行过滤，则有可能导致 SQL 注入漏洞的发生。

13.6.2 测试过程

如图 13-34 所示，攻击者在测试前，通过爬虫或者目录扫描等方法找到服务器的 WebService 链接，接着使用 WVS（Web Vulnerability Scanner）的 Web Services Editor 功能导入各个接口函数，通过关键词（如 Get、Exec）定位到相关的接口函数，通过 HTTP Editor 对每一个接口函数的输入参数进行测试（如 SQL 注入、文件上传等），如果出现预期效果（如数据库报错、不同的延时等），则存在漏洞。

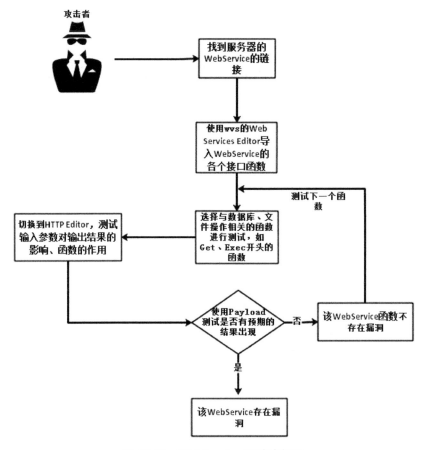

图 13-34　WebService 测试流程图

步骤一：找到服务器的 WebService 的链接，在 WebService 后面加上 "?wsdl"，服务器便会返回 WSDL 描述函数信息，如图 13-35 所示。

步骤二：如图 13-36 所示，使用 WVS（Web Vulnerability Scanner），单击左边栏的 "Web Services Editor"。

在 Operation 选项列表中，可以看到 WebService 定义的多个函数，选择其中一个，WVS 便会显示需要输入的参数值。在选择的时候，我们尽量选择一些可能会涉及数据库操作的函数，比如函数名以 Get 开头的，一般是从数据库返回一些信息；比如以

Exec 开头的，一般是直接执行 SQL 语句或者特定指令。如图 13-37 所示，这里选择的是 ExecNonQuery 函数，从函数名可以看出，这应该是用来执行非查询语句的接口。其中接收一个名为 sql 的参数，从命名看，这个参数应该用来指定要执行的 SQL 语句。

图 13-35　获取 WebService 链接

图 13-36　使用 WVS 查看 WebService

图 13-37　查看 ExecNonQuery 函数的参数细节

步骤三：如图 13-38 所示，单击"HTTP Editor"切换到 HTTP 请求界面，我们可以发送 SOAP 请求，以及接收请求后的响应。

图 13-38 单击"HTTP Editor"切换到 HTTP 请求

如图 13-39 所示，我们修改 sql 参数的值为"1'"，查看响应内容。

图 13-39 修改 sql 参数

如图 13-40 所示，结合微软官方的文档信息，System.Data.SqlClient.SqlConnection 是.NET Framework 连接 SQL Server 的类库，由此可知后端数据库使用的是 SQL Server 数据库。

步骤四：如图 13-41 所示，在了解数据库类型后，我们可以使用具体的非查询类的 SQL 语句去测试输入参数是否存在 SQL 注入漏洞。这里要使用 select 语句等查询类的 SQL 语句，其返回响应为 false。

图 13-40 分析异常信息

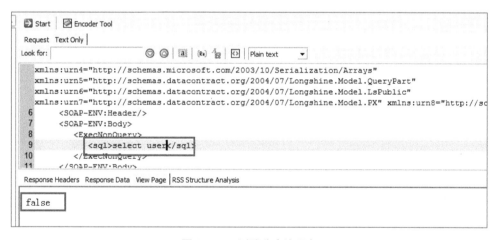

图 13-41 测试非查询语句

测试是否存在漏洞，应该使用延时类的 SQL 语句，通过返回响应的时间间隔来确认是否可以直接执行 SQL 语句。这里由于是 SQL Server，应该使用 SQL Server 的延时语句，所以使用 "waitfor delay '0:0:3'"，这里'0:0:3'代表 3 秒。如图 13-42 所示，WVS 显示的时间间隔大于 3000 ms，与 SQL 语句延时的时间一致，存在漏洞。

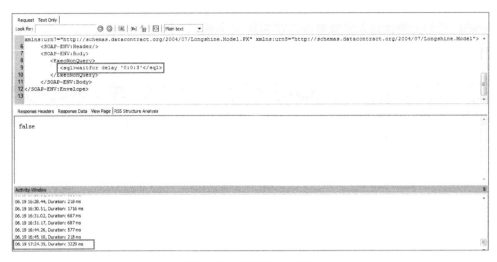

图 13-42　延时注入 3 秒

如图 13-43 所示，延时 5 秒 "waitfor delay '0:0:5'"。

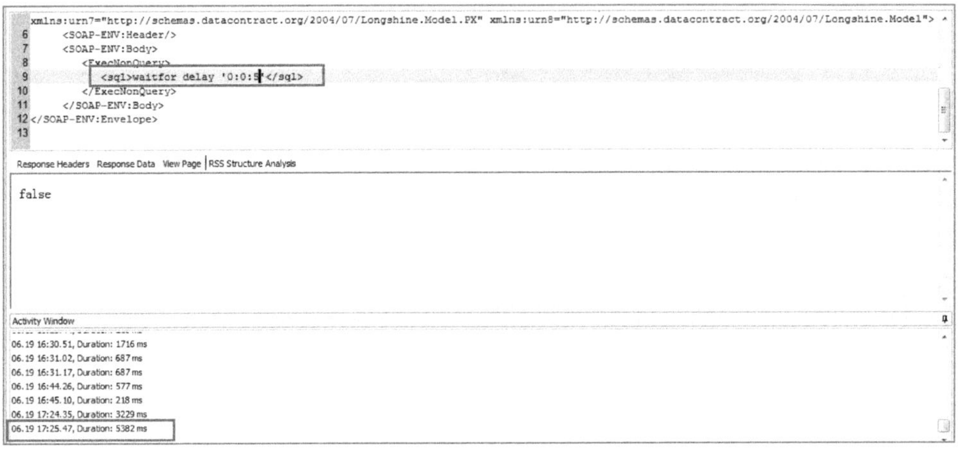

图 13-43　延时注入 5 秒

步骤五：剩下的利用步骤和常规的 SQL 注入测试一致，使用 Wireshark 或者 Burp Suite 将 WebService 的请求抓取下来，保存到文本文件。在需要测试的参数值处添加星号 "*"，如图 13-44 所示。

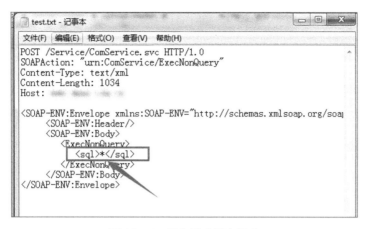

图 13-44　保存请求到文件中

然后通过 sqlmap 对参数进行检测即可，sqlmap 对应的具体参数是-r，如图 13-45
和图 13-46 所示。

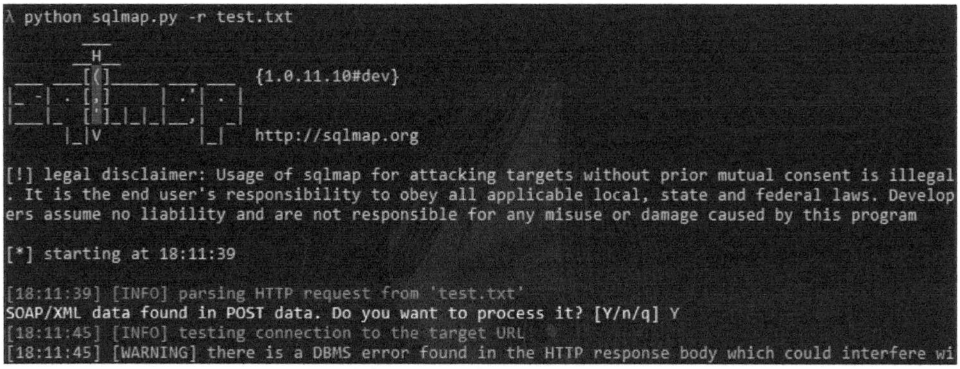

图 13-45　使用 sqlmap 进行测试

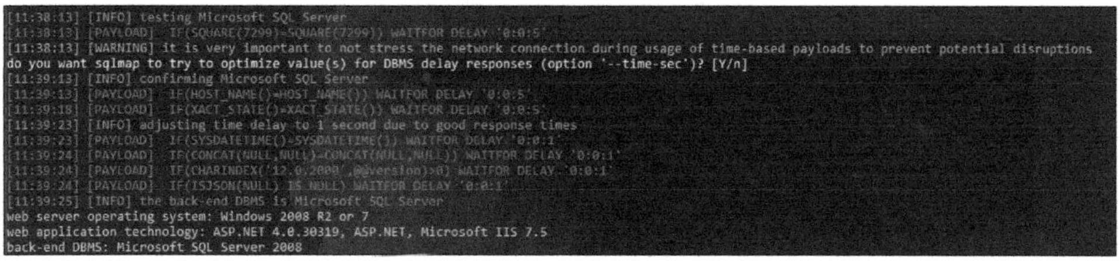

图 13-46　确认漏洞存在

13.6.3 修复建议

（1）为 WebService 添加身份认证，认证成功后才允许访问和调用。

（2）WebService 中接收输入参数的函数，在后端应该对输入参数进行过滤及净化，在处理后才入库查询。

（3）在敏感功能的函数中，添加密码认证，认证后才允许调用敏感功能的函数。

实践篇

第 14 章

▪▪▪▪

账号安全案例总结

14.1 账号安全归纳

随着网络的快速发展，出现了种类繁多的网络应用，包括 E-mail、IM 即时聊天工具（QQ、MSN）、网络商店、BBS 论坛、网络游戏等。各类应用均需要身份识别，因此身份认证是网络信息安全的基本保障。网络服务器通过身份认证与访问控制的方式对合法注册用户进行授权。用户首先通过注册（账号与密码）成为网络服务器的合法用户，只有通过身份认证的用户才能访问资源。账号与密码成为各类网络应用必不可少的一部分，与此同时账号和密码所面临的安全问题也越来越多。

例如，2011 年某网站上 600 万用户资料可公开下载，而其存储密码的方式还是明文。同时，2015 年某论坛泄露 2300 万用户的信息，泄露的 2300 万用户数据包括用户名、注册邮箱、加密后的密码等。2015 年 10 月，某漏洞报告平台接到一起数据泄密报告后发布新漏洞，该漏洞显示某网站用户数据库疑似泄露，影响到过亿数据，泄露信息包括用户名、密码、密码密保信息、登录 IP 及用户生日等。

互联网上关于账号的安全问题日益凸显，本章总结的关于账号安全的相关漏洞包括密码泄漏、暴力破解、弱口令、密码重置、登录账号绕过、重放攻击、网络钓鱼、信息泄露、中间人攻击等。希望广大读者可以引以为鉴，不再出现此类问题。

14.2 账号安全相关案例

14.2.1 账号密码直接暴露在互联网上

GitHub 是一个分布式的版本控制系统,开发者可以通过 GitHub 上传项目源代码。不过由于开发者的安全意识不足,可能会上传部分敏感信息,包括邮件的账号密码、数据库的配置信息、管理员的密码、备份文件、重要源代码等。

通过搜索引擎可灵活查找各类敏感信息,搜索语法如下。

(1)邮件配置信息查询:site:Github.com smtp password;

(2)数据库信息泄露:site:Github.com sa password;

(3)svn 信息泄露:site:Github.com svn;

(4)数据库备份文件:site:Github.com inurl:sql。

14.2.1.1 某企业数据库配置信息泄露

步骤一:利用各类搜索引擎搜索敏感文件,搜索的语法为"site:github.com password",就可以直接在 GitHub 网站上找到配置信息。如图 14-1 所示,可以获得某企业数据库配置信息。

```
        include: swagger
devtools:
    restart:
        enabled: true
    livereload:
        enabled: false # we use gulp + BrowserSync for livereload
jackson:
    serialization.indent_output: true
datasource:
    type: com.zaxxer.hikari.HikariDataSource
    url: jdbc:mysql://            :3306/blog1?useUnicode=true&characterEncoding=utf8&useSSL=false
    username: root
    password: 123456
    hikari:
        data-source-properties:
            cachePrepStmts: true
            prepStmtCacheSize: 250
            prepStmtCacheSqlLimit: 2048
            useServerPrepStmts: true
```

图 14-1　数据库配置信息

步骤二：利用数据库配置信息成功登录数据库，可获得大量企业用户信息，如图 14-2 所示。

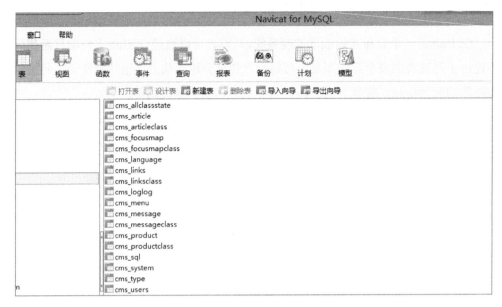

图 14-2　成功登录数据库

14.2.1.2　某著名厂商数千名员工信息泄漏

步骤一：通过 GitHub 查找到某厂商的一个开源项目，如图 14-3 所示，发现其中一份文件包含一个加密信息。

```
    <!ATTLIST response base64 (true|false) "false">
    <!ELEMENT comment (#PCDATA)>
    ]>
    <items burpVersion="1.5.01" exportTime="Sun Mar 09 18:48:11 CST 2014">
      <item>
        <time>Sun Mar 09 18:46:32 CST 2014</time>
        <url><![CDATA[http://                                    ]></url>
        <host ip="          ">          </host>
        <port>80</port>
        <protocol>http</protocol>
        <method>GET</method>
        <path><![CDATA[/phones/ViewInfo.aspx?RoleNo=0101&page=1]]></path>
        <extension>aspx</extension>
        <request base64="true"><![CDATA[R0VUIC9waG9uZXMvVml2      JYXNweD9Sb2x1Tm89MDEwMSZwYWd1PTEgSFRUUC8xLjENCkhvc3BQ6IGVpcC50Y2wuY29   
        <status>200</status>
        <responselength>48161</responselength>
        <mimetype>HTML</mimetype>
        <response base64="true"><![CDATA[SFRUUC8xLjEgMjAwIE9LDQp        JaW9uOiBjbG9zZQ0KRGF0ZTogU3VuLCAwOBNYXIgMjAxNCAxMDo0NjozOSBHTV
```

图 14-3　网站配置信息

步骤二：通过 base64 解密，发现是一个 HTTP 请求包，并且包含 Cookies 值。将请求包的内容复制到浏览器即可登录内部系统，如图 14-4 所示。

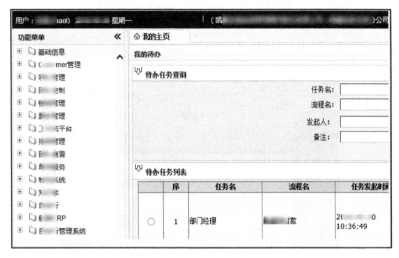

图 14-4　利用数据包登录后台

步骤三：如图 14-5 所示，在该系统可以获得该企业数千名员工信息。

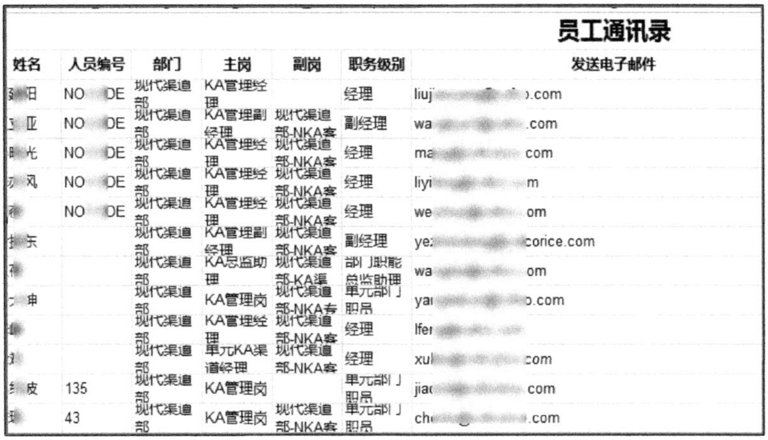

图 14-5　内部通讯录

14.2.2　无限制登录任意账号

由于各类应用的安全防护手段参差不齐，导致攻击者可以利用漏洞绕过登录限制，或者利用已经认证的用户，通过修改身份 ID 登录任意账号。

14.2.2.1　某大学网站 SQL 注入漏洞可绕过登录限制

步骤一：某学校网站后台为 http://www.xxx.edu.cn/login.asp，登录界面如图 14-6 所示。

图 14-6　绕过登录测试

步骤二：因网站登录处过滤不严格导致存在 SQL 注入漏洞，利用万能密码，可以绕过登录的限制成功登录后台，如图 14-7 所示。

图 14-7　成功登录

14.2.2.2　某 APP 客户端可以劫持任意账号

步骤一：在某 App 的官网上查看已经注册的用户，如图 14-8 所示。

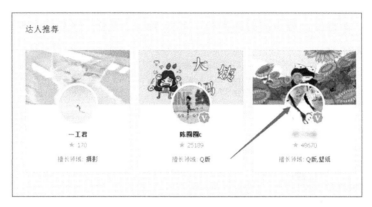

图 14-8　查看注册用户 ID

步骤二：通过浏览器审查元素，如图 14-9 所示，可以得到该用户的 ID 值。

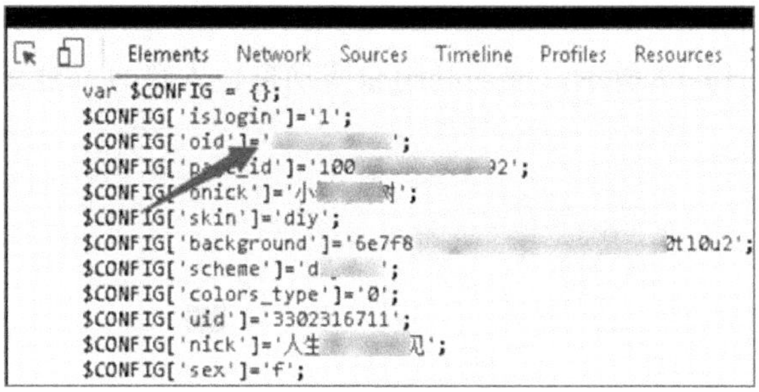

图 14-9　查看用户 ID

步骤三：下载该客户端，单击微博授权登录，如图 14-10 所示。

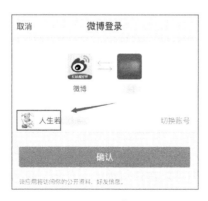

图 14-10　授权登录

步骤四：在登录过程中截取数据包，如图 14-11 所示，修改 uid 里面的数据，即可登录其他人的账号。

```
Accept: text/html,application/xhtml+xml,application/xml;q=0.9,*/*;q=0.8
Accept-Language: zh-CN,zh;q=0.8,en-US;q=0.5,en;q=0.3
Accept-Encoding: gzip, deflate
Cookie: JSESSIONID=EC23090C81143B72AF73BB65C4177099
Connection: close
Upgrade-Insecure-Requests: 1
Content-Type: application/x-www-form-urlencoded
Content-Length: 60

j_username=admin&j_password=37a6016e84ec64a904d070e7a9837307&Button1=%e7%99%bb%20%e5%b
d%95&tbcheckCode=94102&tbPassword=g00dPa%24%24w0rD&tbUserName=scxmxmsi&top11111=1&
uid=1728472924__EVENTVALIDATION=/wEdAAbtXEoFbL%2bJUQ9OUQ/e1RBphI6Xi65hwcQ8/QoQCF8JIahX
ufbhlqPmwkf99lGTkd3%2bjP5BbywWfOuafY5fHBn0zfg78E8BXhXifTCAVkevdz9YyyR4qjX0bKJ2X6bXV1P
TPWzhyvfvT36UjMYIqgaqCnIKNSYHGDMsBL0xtbu4hA%3d
```

图 14-11 替换用户 ID

步骤五：如图 14-12 所示，成功利用微博劫持他人账号并登录成功。

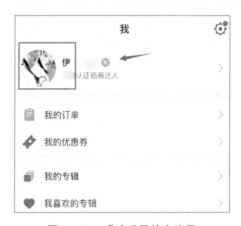

图 14-12 成功登录他人账号

14.2.3 电子邮件账号泄露事件

电子邮箱业务基于计算机和通信网的信息传递业务，利用电信号传递和存储信息，为用户传送电子信函、文件数字传真、图像和数字化语音等各类型的信息。电子邮件最大的特点是，人们可以在任何地方、任何时间收、发信件，解决了时空的限制，大大提高了工作效率，为办公自动化、商业活动提供了很大便利。但电子邮件账号泄露，也将引发大量的信息泄露。

14.2.3.1　邮件账号引发的信息泄漏

步骤一：如图 14-13 所示，通过搜索引擎查找某公司公开于互联网的文件。

图 14-13　敏感文件查找

步骤二：下载该 XLS 文件，从文件中获得某企业员工的邮件账号密码，如图 14-14 所示，成功登录邮件系统。

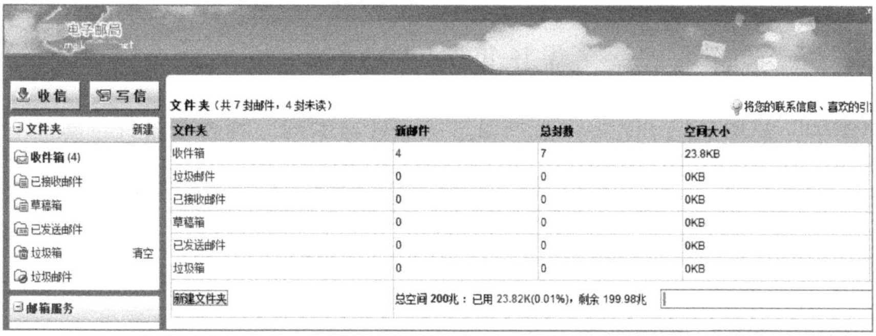

图 14-14　登录邮件系统

步骤三：在一份邮件中发现该公司部分信息，包括 VPN 登录地址、OA 系统及内网各个系统的登录方式，利用该邮件的账号密码均能登录各类内网系统，从而获得大量敏感数据。如图 14-15 所示，成功拨入 VPN，任意访问内网系统。

步骤四：如图 14-16 所示，成功登录 OA 系统，可以获取职工个人信息，包括手机号码、身份证、工作内容等。

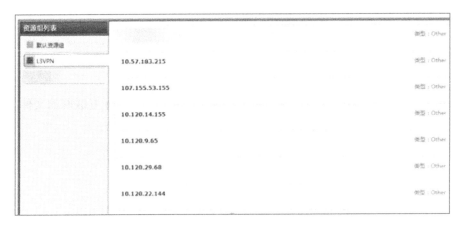

图 14-15　登入 VPN

图 14-16　登录 OA 系统

步骤五：如图 14-17 所示，成功登录内部订单系统，查看大量订单数据。

订单号	用户名称	套餐	数量	价格	交易时间	
0500082		个人版	-1596	-124488.00元	201	:00
0000082		个人版	-9050	-705900.00元	201	:00
9600082		个人版	-1927	-150306.00元	201	:59
9300082		个人版	-1316	-102648.00元	201	:59
8900082		个人版	-6914	-539292.00元	201	:59
8600082		个人版	-3136	-244608.00元	201	:58
8200082		个人版	-9989	-779142.00元	201	:58
7800082		个人版	-2693	-210054.00元	201	:57
7500082		个人版	-5200	-405600.00元	201	:57
7100082		个人版	-9964	-777192.00元	201	:57
6700082		个人版	-3509	-273702.00元	201	:56

图 14-17　登录内部数据平台

14.2.4　中间人攻击

中间人攻击，即所谓的 Main-in-the-middle（MITM）攻击，顾名思义，就是攻击者插入到原本直接通信的双方中间，让双方以为还在直接跟对方通信，但实际上双方的通信对象已变成了攻击者，同时信息已经被中间人获取或篡改。而中间人攻击不仅可以捕获 HTTP 未加密的传输数据，更可以捕获 HTTPS 协议加密的数据。

HTTPS 中间人攻击一般分为 SSL 连接建立前的攻击，以及 HTTPS 传输过程中的攻击。常见的 HTTPS 中间人攻击，会首先需结合 ARP、DNS 欺骗、伪造 CA 证书等技术，来对会话进行拦截。

14.2.4.1　SSL 证书欺骗攻击

SSL 证书欺骗攻击较为简单，首先通过 DNS 劫持和局域网 ARP 欺骗甚至网关劫持等技术，将用户的访问重定向到攻击者的设备上，让用户机器与攻击者机器建立 HTTPS 连接（使用伪造的 CA 证书），而攻击者机器再跟 Web 服务端连接。这样攻击者的机器分别与用户和真正的服务器建立 SSL 连接，通过这两个连接之间转发数据，就能得到被攻击者和服务器之间交互的数据内容。但用户的浏览器会提示证书不可信，只要用户不单击继续就能避免被劫持。所以这是最简单的攻击方式，也是最容易识别的攻击方式。如图 14-18 所示，为 SSL 证书欺骗攻击流程。

图 14-18　证书欺骗过程

14.2.4.2　SSL 劫持

SSL 劫持，是指将页面中的 HTTPS 超链接全都替换成 HTTP 版本，让用户始终以明文的形式进行通信。在现实生活中，用户在浏览器上输入域名，大部分采用直接输入网址的方式，从而会忽略该网站采用的协议类型。例如打开百度，一般会直接输入 www.baidu.com，用户向百度发送一个 HTTP 请求，而不是 HTTPS。HTTP

是以明文传输数据的，因此如果利用 SSL 劫持攻击，使 HTTPS 协议的网站降级到 HTTP，就能获取敏感数据。

有部分网站并非全部采用 HTTPS 协议，只是在需要进行敏感数据传输时才使用 HTTPS 协议，如登录认证、传输敏感身份数据等时候。中间人攻击者在劫持了用户 与服务端的会话后，将 HTTP 页面里所有的 HTTPS 超链接都换成 HTTP，用户在单 击相应的链接时，使用 HTTP 协议来进行访问。这样即使服务器对相应的 URL 只支 持 HTTPS 链接，但中间人攻击者一样可以和服务建立 HTTPS 连接之后，将数据使 用 HTTP 协议转发给客户端，实现会话劫持。

SSL 劫持攻击手段更让人防不胜防，因为用户无法提前知道网站是否使用 HTTPS 或者 HTTP，而在用户的浏览器上更不会弹框告警或者网页错误显示。如图 11-19 所示为 SSL 劫持攻击流程。

图 14-19　SSLStrip 攻击示例

如图 14-20 所示，可利用 SSLStrip 工具成功劫持 Gmail 账号。

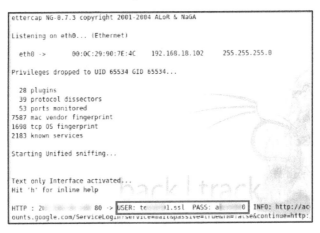

图 14-20　劫持 Gmail 账号

14.2.5　撞库攻击

撞库是黑客通过收集互联网已泄露的用户和密码信息，生成对应的字典表，尝试批量登录其他网站后，得到一系列可以登录的用户名和密码组合。由于很多用户在不同网站使用的是相同的账号和密码，因此黑客可以通过获取用户在 A 网站的账户从而尝试登录 B 网站，这就可以理解为撞库攻击。

14.2.5.1　某知名公司子站存在撞库风险

步骤一：某知名公司官方网站用户登录有验证码校验机制，但有个子站没有限制登录次数，因此可利用该子站进行撞库攻击，在该子站验证成功后再返回主站进行登录，如图 14-21 和图 14-22 所示。

图 14-21　子站登录界面

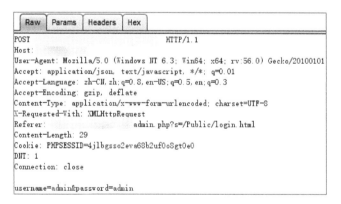

图 14-22　登录数据包

步骤二：如图 14-23 所示，利用捕获到的数据包通过 Burp Suite 的 intruder 模块进行撞库攻击。

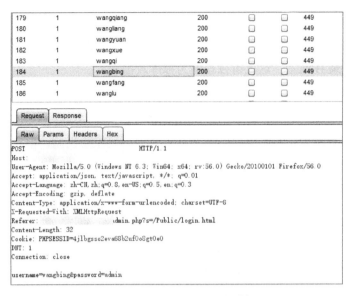

图 14-23　Burp Suite 暴力破解

步骤三：利用该子站撞库攻击的结果，返回主站登录尝试，如图 14-24 所示，成功登录主站。

图 14-24　利用撞库成功登录

14.3　防范账号泄露的相关手段

随着互联网和各类网络应用的快速发展，关于保护账号安全的措施也迫在眉睫。总结本章的账号安全相关案例，建议企业在防护账号和密码方面使用如下措施：

（1）核查数据库中的账号和密码存储方式，自行加密用户敏感数据，严格限制数据库的访问条件，禁止外部连接数据库。

（2）采用 HTTPS 协议对账户认证过程实现加密封装，确保身份认证过程无法被窃取。

（3）加强网络信息安全意识，网络管理人员对内部员工进行安全意识培训，禁止使用弱口令，禁止公开个人账号密码，定期修改密码。

（4）使用数字证书认证。数字证书是通过运用对称和非对称密码体制等密码技术建立起一个严密的身份认证系统，从而保证信息除发送方和接收方外不被其他人窃取。

（5）了解互联网账号泄露事件，存在账号泄露事件时第一时间通知客户修改个人账号和密码，避免撞库攻击。

（6）加强对网站的安全防护能力，定期进行安全评估和升级更新，避免攻击者利用漏洞获取账户信息。

第 15 章

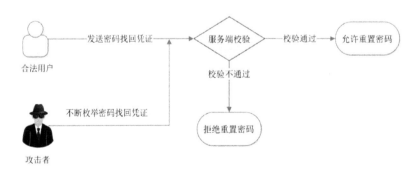

密码找回安全案例总结

密码找回功能中潜在的逻辑漏洞，将使互联网用户的账户面临严重的安全风险。本章将全面剖析常见密码找回逻辑漏洞案例，使读者了解和掌握该功能中存在的问题，规避密码找回安全风险。

15.1 密码找回凭证可被暴力破解

密码找回凭证是指在密码找回过程中，服务端向用户的注册手机或者邮箱中发送的验证码或特殊构造的 URL 等用于用户自证身份的信息。当用户凭证的验证次数未做限制或限制不严可被绕过时，攻击者可以通过暴力枚举用户凭证的方式，冒充该用户重置其密码。其业务流程如图 15-1 所示。

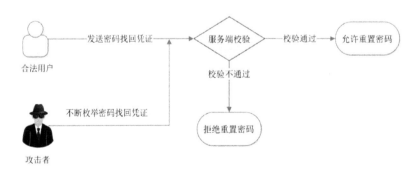

图 15-1 业务流程图

200

15.1.1 某社交软件任意密码修改案例

2012 年，某社交软件的官网上新增了一个忘记账号或密码的链接。

步骤一：单击忘记密码链接后，进入重设密码选择页，如图 15-2 和图 15-3 所示。

图 15-2 忘记密码链接

图 15-3 重设密码选择页

步骤二：选择使用手机号重设密码，并输入一个真实注册用户的手机号码，如图 15-4 所示。

图 15-4 重设密码页面

步骤三：单击"下一步"按钮后，系统提示将发送验证码到注册手机，如图 15-5 所示。

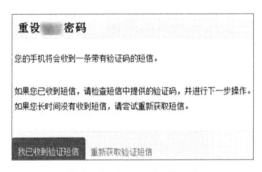

图 15-5　发送验证码页面

步骤四：单击"我已收到验证短信"后，系统弹出重置密码确认页，需要输入手机上收到的验证码作为密码找回凭证。核对成功则可以成功进行密码重置，如图15-6 所示。

图 15-6　发送验证码页面

步骤五：单击"OK"并对该请求进行抓包，获取到包文：check=false&phone=186XXXXXXXX&······&verifycode=1234。

步骤六：根据以上包文信息可以发现该密码找回功能的验证码比较简单，只有 4 位数字，可以尝试枚举修改包文中的 verifycode 进行暴力破解。几次尝试后收到系统提示"您的提交请求过于频繁，请稍后再试。"说明该网站的密码找回功能是对用户凭证的验证频率做了限制的，只能想办法绕过其限制。

步骤七：经过一系列尝试后发现，在 phone=186XXXXXXXX 的号码后面随机添加不为数字的字符时，可以绕过此限制。于是推测其漏洞点在于判断 phone=186XXXXXXXX 的尝试次数时未对 phone 的值进行提纯，所以可以利用在号码后添加随机字符的方式绕过限制。但在下一步操作的时候，只取了 phone 中的数字部分，然后再取出此号码的 verifycode 进行比对，比对成功则修改密码，如图 15-7 所示。

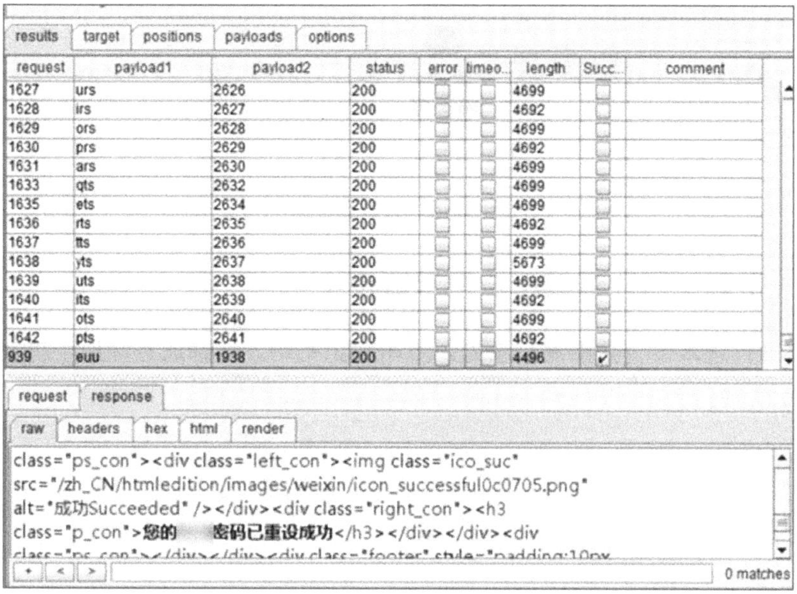

图 15-7　暴力破解示例

15.2　密码找回凭证直接返回给客户端

有些信息系统在密码找回功能的设计上存在逻辑漏洞，可能会将用于用户自证身份的信息的密码找回凭证以各种各样的方式返回到客户端。这样攻击者只要通过在本地抓取数据包并对其内容加以分析就能获取到其他用户的密码找回凭证，从而冒充该用户重置密码，如图 15-8 所示。

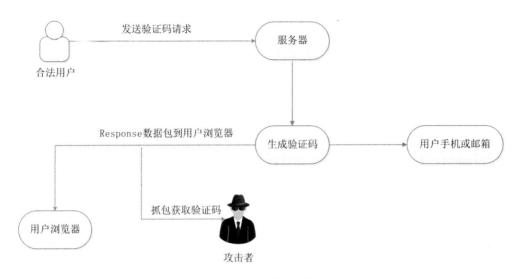

图 15-8   测试流程图

15.2.1   密码找回凭证暴露在请求链接中

步骤一：进入某直播网站登录处，单击忘记密码，选择通过注册手机找回密码，如图 15-9 所示。

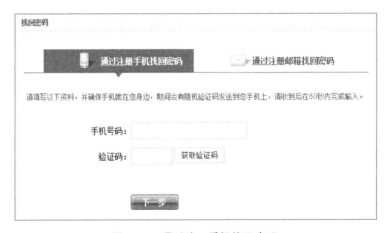

图 15-9   通过注册手机找回密码

步骤二：输入手机号码，单击获取验证码，然后使用 Firebug 查看请求链接，发现验证码直接出现在请求链接中，如图 15-10 所示。

图 15-10　验证码出现在请求链接中

步骤三：直接输入请求链接中暴露出来的验证码即可修改密码。

15.2.2　加密验证字符串返回给客户端

步骤一：进入某电商官网按正常流程执行找回密码功能，填写好邮箱和图片验证码，进入下一步，然后使用抓包工具抓取请求包。

步骤二：分析返回的数据包，发现其中包含了一个加密字符串，将其记录下来，如图 15-11 所示。

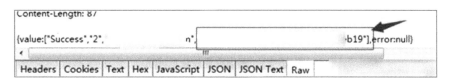

图 15-11　抓包返回数据结果

步骤三：之后，邮箱中会收到一个找回密码用的验证码。将该验证码在页面上填好，单击下一步按钮即可进入密码重置页面，如图 15-12 所示。

步骤四：仔细观察发现，密码重置页面 URL 中的加密验证字符串和之前返回数据包中的加密字符串是同一个，如图 15-11 和图 15-12 所示。既然如此，则可以绕过邮箱验证码校验，直接利用抓包工具获取到的加密字符串构造到 URL 中进行任意密码重置，如图 15-12 所示。成功重置并登录了官方客服的账号，如图 15-13 所示。

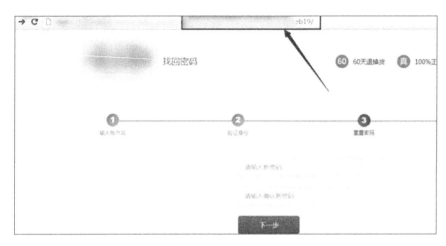

图 15-12　密码重置页面

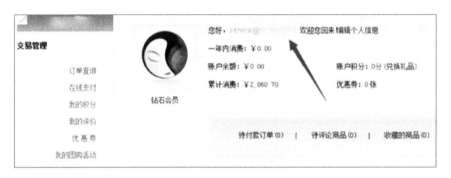

图 15-13　密码重置并登录成功

15.2.3　网页源代码中隐藏着密保答案

步骤一：进入某邮箱网站官网，单击"找回密码"按钮，再单击"网上申诉"链接，如图 15-14 所示。

步骤二：在网上申诉页面直接查看源代码，发现源代码中不但有密码提示问题，还在 Hide 表单里隐藏着问题答案。通过该方式，可获得任意用户修改密码问题答案，从而可以修改其他用户邮箱密码，如图 15-15 所示。

图 15-14 网上申诉链接

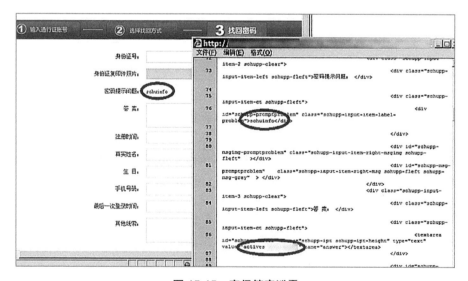

图 15-15 密保答案泄露

15.2.4 短信验证码返回给客户端

步骤一：进入某商城网站首页，单击忘记密码。

步骤二：使用一个已注册的手机号码，通过短信验证方式找回密码，如图 15-16 所示。

图 15-16 通过短信验证方式找回密码

步骤三：输入图片验证码，单击获取短信验证码，如图 15-17 所示。

图 15-17 获取验证码

步骤四：此时抓取数据包，发现服务端直接将短信验证码 646868 返回给了客户端，将短信验证码填写到验证码处即可成功重置其密码。同理，通过该方式，可以重置其他用户的密码，如图 15-18 所示。

图 15-18 返回短信验证码

15.3　密码重置链接存在弱 Token

有些信息系统的密码找回功能会在服务端生成一个随机 Token 并发送到用户邮箱作为密码找回凭证。但一旦这个 Token 的生成方式被破解，攻击者就可以伪造该 Token 作为凭证重置其他用户的密码。测试流程如图 15-19 所示。

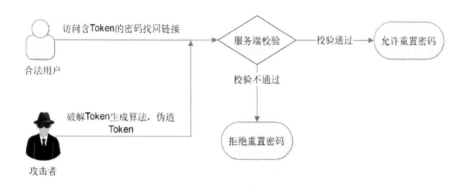

图 15-19　测试流程图

15.3.1　使用时间戳的 md5 作为密码重置 Token

步骤一：进入某网站先按正常流程取回一次密码，查看邮箱，邮件内容如图 15-20 所示。

图 15-20　邮件内容

步骤二：从邮件内容中可以看出参数 vc 为一串 md5 值，u 为用户邮箱。将参数 vc 解密后为 1496732066。于是猜测参数 vc 应该为 id 值，尝试遍历 id 值并修改变量 u，查看是否可以修改其他用户密码，结果发现不可行。

步骤三：再仔细观察 vc 参数，发现和 UNIX 时间戳格式相符，于是使用 UNIX 时间戳转换工具验证，转换成功，如图 15-21 所示。

图 15-21　UNIX 时间戳转换

步骤四：大致推测出该系统找回密码的流程。用户取回密码时，先产生一个精确的时间戳并与账号绑定记录在数据库内，同时将该时间戳作为密码找回凭证发送到用户的注册邮箱。只要用户能够向系统提供该时间戳即可通过认证，进入密码重置流程。但对攻击者来说，只要编写一段程序在一定时间段内对时间戳进行暴力猜解，很快就可以获得找回密码的有效链接，如图 15-22 所示。

图 15-22　测试 exp

步骤五：最终成功重置密码并登录到个人中心，如图 15-23 所示。

图 15-23　重置密码成功

15.3.2　使用服务器时间作为密码重置 Token

步骤一：进入某积分兑换商城，首先用 2 个账号在两个浏览器窗口中同时找回密码来进行对比，如图 15-24 所示。

步骤二：对比邮箱中收到的找回密码链接，我们可以看出，找回密码使用的随机 Token 只相差 4，那么攻击者通过遍历 Token 的方式即可重置其他用户的密码，如图 15-25 所示。

图 15-24　开始找回密码

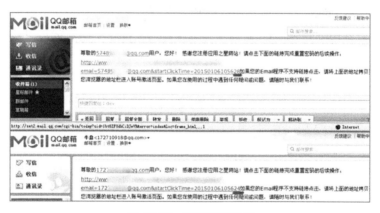

图 15-25　重置密码链接

15.4　密码重置凭证与用户账户关联不严

有些信息系统在密码找回功能的校验逻辑上存在缺陷，只校验了密码重置凭证是否在数据库中存在，但未严格校验该重置凭证和用户账号之间的绑定关系。这种密码重置凭证与用户账户关联不严的逻辑漏洞就让攻击者可以通过在数据包中修改用户账号达到重置其他密码的目的，如图 15-26 所示。

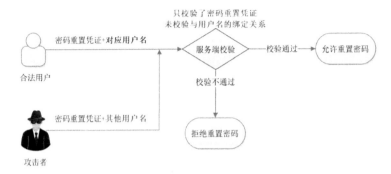

图 15-26　业务流程图

15.4.1　使用短信验证码找回密码

步骤一：进入某手机厂商官网，首先填写自己的手机号码进行密码找回。

步骤二：收到验证码后填入验证码和新密码提交，这时候使用数据抓包工具进行抓包，将数据包中的 username 修改为其他账号，post 上去后就可以使用自己设置的密码登录其他账号，如图 15-27 所示。

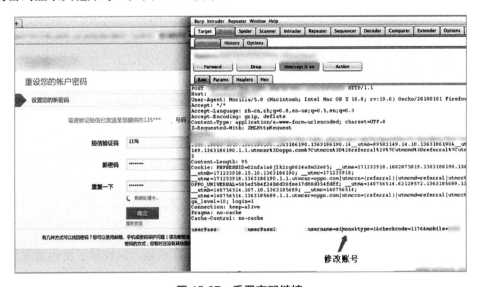

图 15-27　重置密码链接

15.4.2 使用邮箱 Token 找回密码

步骤一：进入某公共信息网站使用真实信息找回密码后，系统会发送一封邮件到绑定的邮箱。邮件中的找回密码链接如下：

```
http://**.**.**.**/test.do?method=resetPassword&id=用户 ID 值
&authcode=XXX&Email=邮箱地址
```

步骤二：访问后可直接进入用户密码重置页面。在该页面输入新密码，并在提交时使用抓包工具抓取数据抓包，可获得以下内容：

```
org.apache.struts.taglib.html.TOKEN=83accc27d5178f832d9f22a1d02bdacf
&org.apache.struts.taglib.html.TOKEN=83accc27d5178f832d9f22a1d02bdacf&rt
Password=123456&passwordw=123456&rtEmail=邮箱&idtagCard=用户 ID
```

步骤三：虽然包文中含有 org.apache.struts.taglib.html.TOKEN 和 org.apache.struts.taglib.html.TOKEN 两个 Token 参数，但因为并没有和用户 ID 进行绑定验证，依然可以通过修改用户 ID 重置他人密码。随机修改了一个用户 ID 并提交后，提示密码重置成功，如图 15-28 所示。

```
<div class="ad_right">
        <div class="weizhi_ad">你当前所在位置：安全中心 &gt; 找回密码 &gt; <font>手机方式</font></div>
        <div class="anquan_ico">手机找回密码</div>
        <div class="admin_bo">
                <div class="yanzh_tsh">
        <p class="yanzh_tsh01">恭喜！密码重置成功！</p>
   <p>密码重置成功！系统将自动转到登录界面。</p>
   <p><span id="textSecond"> </span>秒</p>
   <div class="zhucechg04"><a href="/login.jsp" target="_self">立即跳转到登录界面</a></div>
 </div>
        </div>
```

图 15-28　密码重置成功

15.5 重新绑定用户手机或邮箱

有些信息系统在绑定用户手机或者邮箱的功能上存在越权访问漏洞。攻击者可以利用该漏洞越权绑定其他用户的手机或者邮箱后，再通过正常的密码找回途径重置他人的密码。

15.5.1　重新绑定用户手机

步骤一：首先注册一个某邮箱的测试账号，然后会跳转到一个手机绑定的页面上，如图 15-29 所示。

图 15-29　绑定手机页面

步骤二：注意此处链接中有个参数为 uid，将 uid 修改为其他人的邮箱账号。填入一个你可控的手机号码，获取到验证码。确定后这个目标邮箱已经被越权绑定了密保手机，如图 15-30 所示。

图 15-30　手机号码绑定成功

步骤三：走正常的密码取回流程，发现这个邮箱多了一个通过手机找回密码的方式，这个手机尾号就是刚刚绑定的手机号码，如图 15-31 所示。

步骤四：获取验证码并填入新密码，最终成功重置了目标账户的密码，如图 15-32 所示。

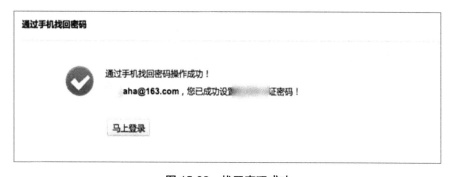

图 15-31　找回密码流程

图 15-32　找回密码成功

15.5.2　重新绑定用户邮箱

步骤一：某网站用户注册后的激活页面链接如下：

`http://**.***.com/user/test/2815193`

步骤二：链接尾部的一串数字是用户的 ID，通过修改这个 ID 即可进入其他用户的页面，如图 15-33 所示，该页面提供了更改邮箱地址的功能，可在此处将邮箱地址修改为自己的测试邮箱。

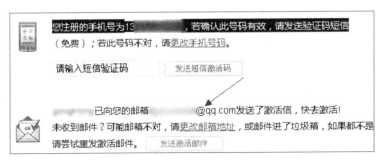

图 15-33 用户激活页面

步骤三：然后使用该测试邮箱进行密码找回，即可重置目标用户的密码，如图 15-34 所示。

图 15-34 重置密码成功

15.6 服务端验证逻辑缺陷

有些信息系统的服务端验证逻辑存在漏洞。攻击者可以通过删除数据包中的某些参数、修改邮件发送地址或者跳过选择找回方式和身份验证的步骤，直接进入重置密码界面成功重置其他人的密码。

15.6.1 删除参数绕过验证

步骤一：某邮箱系统可以通过密码提示问题找回密码，如图 15-35 所示。

图 15-35 通过密码提示问题找回密码

步骤二：首先随机填写密码答案，然后进入下一步，抓包后将问题答案的整个字段都删除再提交，如图 15-36 所示。

图 15-36 抓包截图

步骤三：因服务端验证逻辑存在缺陷，无法获取到问题答案的情况下直接通过了验证，密码重置成功，如图 15-37 所示。

图 15-37　密码修改成功

15.6.2　邮箱地址可被操控

步骤一：某网站可以通过注册时填写的邮箱来找回密码，但为防止网络不稳定等因素导致邮件发送失败，找回密码页面提供了"重新发送邮件"的功能，如图 15-38 所示。

图 15-38　重新发送邮件

步骤二：单击重新发送邮件，然后抓包拦截请求，将数据包中的邮箱地址改为自己的测试邮箱，如图 15-39 所示。

图 15-39　抓包截图

步骤三：进入自己的测试邮箱，单击收到的链接，密码重置成功，如图 15-40 所示。

图 15-40　修改密码成功

15.6.3　身份验证步骤可被绕过

步骤一：进入某网站的密码找回功能，输入账号和验证码，如图 15-41 所示。

步骤二：确定后，直接访问 http://**.***.com.cn/reset/pass.do 即可跳过选择找回方式和身份验证的步骤，直接进入重置密码界面，如图 15-42 所示。

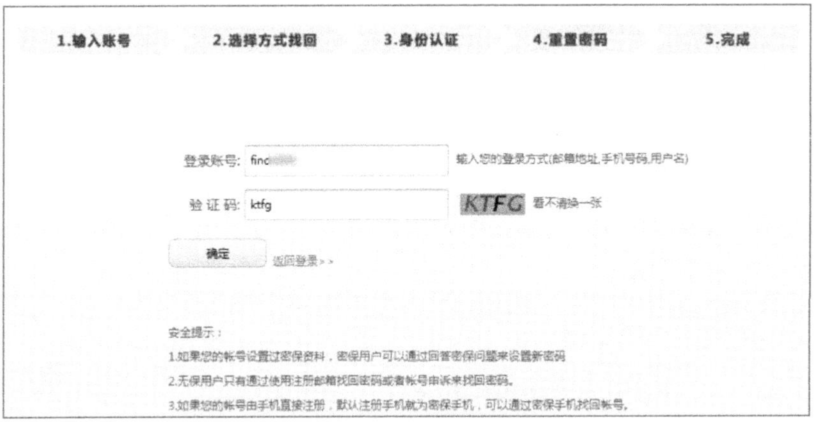

图 15-41　密码找回界面

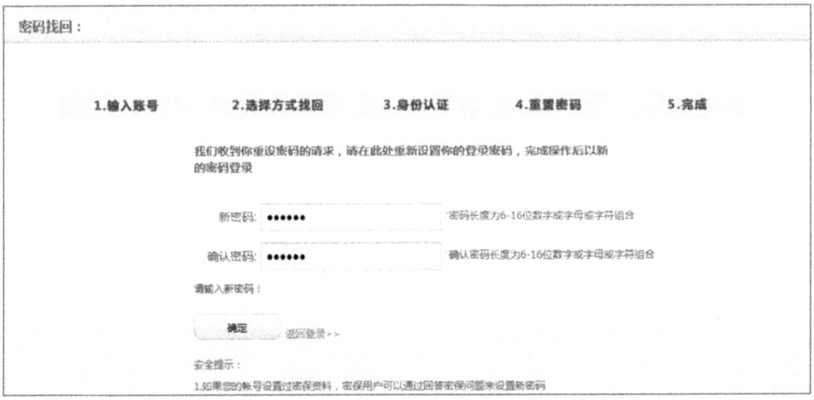

图 15-42　重置密码界面

步骤三：最终成功修改密码并登录到个人中心，如图 15-43 所示。

图 15-43　登录成功

15.7 在本地验证服务端的返回信息——修改返回包绕过验证

有些信息系统在密码找回功能的设计上存在逻辑漏洞，攻击者只需要抓取服务端的返回包并修改其中的部分参数即可跳过验证步骤，直接进入密码重置界面。

修改返回包绕过验证案例如下。

步骤一：进入某电商网站，单击忘记密码，输入用户名 admin 后选择手机找回，单击发送验证码，然后随便填写一个验证码，单击下一步按钮，如图 15-44 所示。

图 15-44　验证手机

步骤二：此时抓包并拦截返回的数据包。经过测试，将返回码改成 200 即可绕过验证逻辑，如图 15-45 所示。

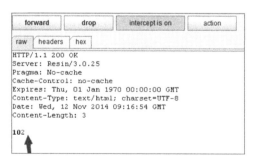

图 15-45　修改返回包

步骤三：直接跳转到了重置密码页面，如图 15-46 所示。

图 15-46　重置密码页面

15.8　注册覆盖——已存在用户可被重复注册

有些信息系统的用户注册功能没有严格校验已存在的用户账号，导致攻击者可以通过重复注册其他用户账号的方式重置他人密码。

已存在用户可被重复注册案例如下。

步骤一：进入某快递网站，单击用户注册，输入用户名 admin，在鼠标离开输入框后会提示该账号已注册，如图 15-47 所示。

图 15-47　注册界面

步骤二：输入一个未注册的用户名并提交表单，同时用抓包工具截取数据包并将 username 修改为 admin，如图 15-48 所示。

图 15-48　抓包并修改用户名

步骤三：此时 admin 用户的密码被重复注册的方式修改了，但原用户的所有信息却没有改变，也就是说这时候攻击者获取了用户的信息，包括姓名、身份证、手机号等。

15.9　Session 覆盖——某电商网站可通过 Session 覆盖方式重置他人密码

有些服务器密码找回功能的服务端校验存在漏洞，攻击者使用密码找回链接重置密码时可以通过 Session 覆盖的方式成功重置其他用户的密码。

某电商网站可通过 Session 覆盖方式重置他人密码案例如下。

步骤一：使用自己的账号进行密码找回，如图 15-49 所示。

图 15-49　密码找回

步骤二：收到邮件后先不要打开链接，如图 15-50 所示。

亲爱的 JM18　　　　　　：

您正在申请找回您的密码，请点击下面的链接即可重新设置密码（链接2小时内有效）。
请小心修改您的密码，以确保您的账户安全哦。

如果您不需要修改密码　请您略本邮件，您的账户还是安全的。

<u>请点击这里修改密码</u>

如果单击链接不起作用，可以将 http:
idHMrV3Rkc1lvdzErdlk5UUdwdz09&sid=711307569&url=
25253D%25253D%26referer=system_reset_passwd%26utm_source%3Dedm_system_reset_passwd%26
utm_medium%3Dedm%26utm_content%26utm_campaign 复制并粘贴到浏览器的地址窗口并访问，我们将在网站上
指导您进行密码修改。

图 15-50　收到邮件

步骤三：在同一浏览器内打开网站再次进入密码找回页面，输入其他人的账号，如图 15-51 所示。

图 15-51　其他用户的身份验证界面

步骤四：单击发送"找回密码邮件"后停在该页面，如图 15-52 所示。

图 15-52　发送邮件成功

步骤五：在同一浏览器中打开第二步中自己邮箱中收到的链接，然后设置一个新密码，如图 15-53 所示。

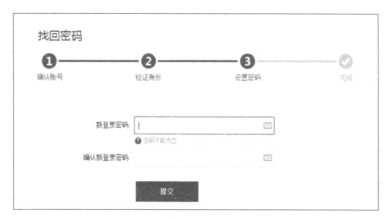

图 15-53　密码设置界面

步骤六：使用新设置的密码，成功登录进了其他人的账户，如图 15-54 所示。

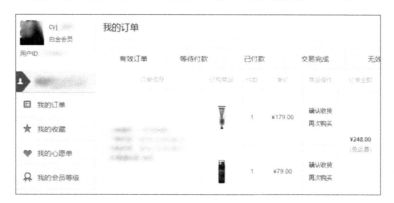

图 15-54　登录成功

15.10　防范密码找回漏洞的相关手段

（1）在密码找回功能设计时对用户凭证的验证次数和频率进行限制，防止攻击者对用户凭证的暴力枚举攻击。

225

（2）对密码找回的各个环节进行梳理，记录分析所有交互数据，避免密码找回凭证等敏感信息直接返回给客户端。

（3）对服务端密码重置 Token 的生成算法进行审计，避免使用容易被攻击者破解的简单算法。

（4）密码重置凭证应与账户严格绑定，并设置有效时间，避免攻击者通过修改账户 ID 的方式重置他人密码。

（5）对客户端传入的数据要进行严格的校验，手机号、邮箱地址等重要信息应和后台数据库中已存储的信息进行核对，不应从客户端传入的参数中直接取用。避免攻击者通过篡改传入数据的方式重置他人密码。

（6）对用户注册、手机邮箱绑定等业务逻辑进行审计，避免攻击者通过用户重复注册和越权绑定等漏洞间接重置他人密码。

第 16 章

越权访问安全案例总结

16.1 平行越权

攻击者请求操作（增、删、查、改）某条数据时，Web 应用程序没有判断该数据的所属人，或者在判断数据所属人时直接从用户提交的表单参数中获取（如用户 ID），导致攻击者可以自行修改参数（用户 ID），操作不属于自己的数据，如图 16-1 所示。

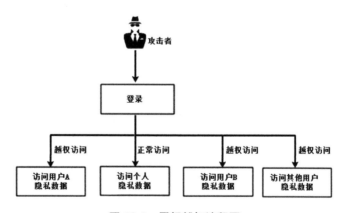

图 16-1 平行越权流程图

16.1.1 某高校教务系统用户可越权查看其他用户个人信息

某高校教务系统存在平行越权漏洞。通过测试发现，学号有规律可循，学号后 4

位是连续的数字，普通用户登录系统后可越权查看其他学生的学籍信息、课程成绩等敏感信息。

步骤一：以"高某某"学号为 12xxxx0031 为例，登录教务系统，并查看该账号的学籍信息。查看学籍信息链接为 http://host/search.do?m=xsx&xh=12Sxxx0031，如图 16-2 所示。

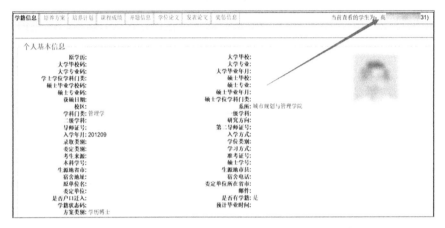

图 16-2　查看学号为 12xxxx0031 的学生的学籍信息

步骤二：访问学号为 12Sxxx0032 的学生的学籍信息，链接为 http://host/search.do?m=xsx&xh=12Sxxx0032，如图 16-3 所示。

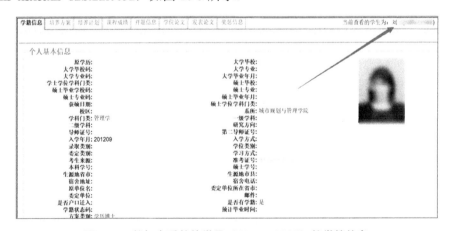

图 16-3　越权查看其他学号（12xxxx0032）的学籍信息

步骤三：访问学号为 12Sxxx0033 的学生的学籍信息，链接为 http://host/search.do?m=xsx&xh=12Sxxx0033，如图 16-4 所示。

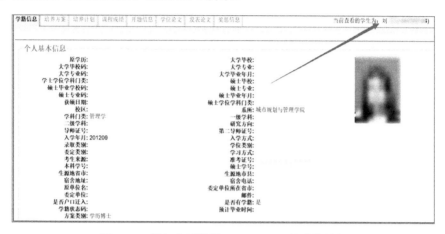

图 16-4　越权查看学号 12xxxx0033 的学籍信息

16.1.2　某电商网站用户可越权查看或修改其他用户信息

某电商网站存在越权漏洞可任意进行读取或删除其他用户收货地址、订单信息等操作。

步骤一：注册账号并登录，当前用户名为 april，UserID 为 460，添加收货地址并查看"我的地址簿"，如图 16-5 所示。

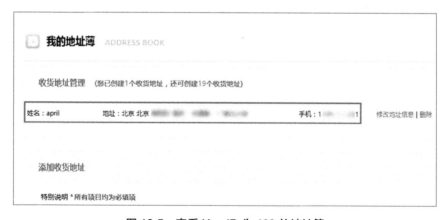

图 16-5　查看 UserID 为 460 的地址簿

步骤二：使用 Burp Suite 抓包，修改 cookie 中的 UserID 为 460，提交后服务器返回地址信息，如图 16-6 所示。

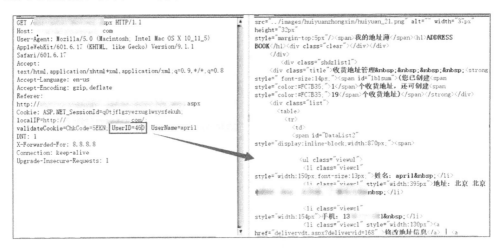

图 16-6　越权查看 UserID 为 460 的地址信息

步骤三：修改 cookie 中的 UserID 为 360，提交后服务器返回地址信息，如图 16-7 所示。

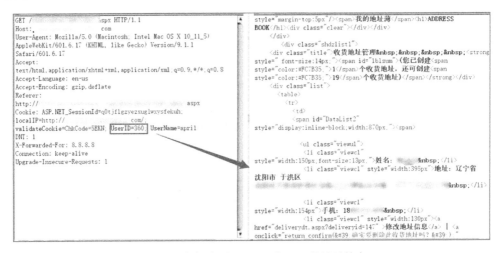

图 16-7　越权查看 UserID 为 360 的地址信息

步骤四：在前台下单并提交后，单击查看"我的订单"，如图 16-8 所示。

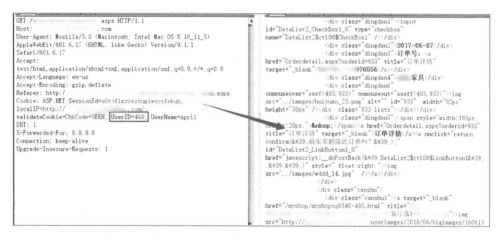

图 16-8　单击"我的订单"查看订单详细信息

同时使用 Burp Suite 抓包发现用户 ID 为 460，其订单详细信息如图 16-9 所示。

```
GET /                  aspx HTTP/1.1
Host:           .com
User-Agent: Mozilla/5.0 (Macintosh, Intel Mac OS X 10_11_5)
AppleWebKit/601.6.17 (KHTML, like Gecko) Version/9.1.1
Safari/601.6.17
Accept:
text/html,application/xhtml+xml,application/xml;q=0.9,*/*;q=0.8
Accept-Language: en-us
Accept-Encoding: gzip,deflate
Referer: http:/                                al.aspx
Cookie: ASP.NET SessionId=a0tiflgzyezxuglwxysfekuh,
localIP=http://                        .com;
validateCookie=ChkCode=5EKN. UserID=460. UserName=april
DNT: 1
X-Forwarded-For: 8.8.8.8
Connection: keep-alive
Upgrade-Insecure-Requests: 1
```

```
            <div class="dingdan1"><input
id="DataList2_CheckBox1_0" type="checkbox"
name="DataList2$ct100$CheckBox1" /></div>
            <div class="dingdan2">2017-06-07</div>
            <div class="dingdan3">订单号；<a
href="Orderdetail.aspx?orderid=933" title="订单详情"
target="_blank">         76556</a></div>
            <div class="dingdan4">         家具</div>
            <div class="dingdan6"
onmouseover="aaaf(493,933)" onmouseout="aaaff(493,933)"><img
src="../images/huiyuan_23.png" alt="" id="933" width="92px"
height="30px" /></div>   <div class="933 listx"></div></div>
            <div class="dingdan5"><span style="width:195px;
height:20px;  </span><a href="Orderdetail.aspx?orderid=933"
title="订单详情" target="_blank">订单详情</a><a onclick="return
confirm(&#39,确实要删除此订单吗? &#39,)"
id="DataList2_LinkButton1_0"
href="javascript:_doPostBack(&#39,DataList2$ct100$LinkButton1&#39,
,&#39,&#39,)" style=" float:right;"><img
src="../images/wddd_14.jpg" /></a></div>
            </div>
            <div class="canshu">
            <div class="canshu1"><a target="_blank"
href="/myshop/myshopxq6540-493.html" title="
                                客厅落地          "><img
src="http://            userimages/2016/06/bigimages/160613
```

图 16-9　使用 Burp Suit 查看当前 UserID（460）订单信息

步骤五：修改 cookie 中的 UserID 为 360，提交后服务器返回的订单信息如图 16-10 所示。

```
GET                    t.aspx HTTP/1.1
Host:
User-Agent: Mozilla/5.0 (Macintosh; Intel Mac OS X 10_11_5)
AppleWebKit/601.6.17 (KHTML, like Gecko) Version/9.1.1
Safari/601.6.17
Accept:
text/html,application/xhtml+xml,application/xml;q=0.9,*/*;q=0.8
Accept-Language: en-us
Accept-Encoding: gzip,deflate
Referer: http://                                    aspx
Cookie: ASP.NET_SessionId=q0tjflgzyezxuglwxysfekuh;
localIP=http://
validateCookie=ChkCode=5EKN; UserID=360. UserName=april
DNT: 1
X-Forwarded-For: 8.8.8.8
Connection: keep-alive
Upgrade-Insecure-Requests: 1
```

```
                <div class="dingdan2">2016-10-12</div>
                <div class="dingdan3">订单号: <a
href="Orderdetail.aspx?orderid=706" title="订单详情"
target="_blank">59174</a></div>
                <div class="dingdan4">          具</div>
                <div class="dingdan6">
onmouseover="aaaf(141,706)" onmouseout="aaaff(141,706)"><img
src="../images/huiyuan_23.png" alt="" id="706" width="92px"
height="30px">          <div class="706 listx"></div></div>
                <div class="dingdan5"><span style="width:195px;
height:20px;"> </span><a href="Orderdetail.aspx?orderid=706"
title="订单详情" target="_blank">订单详情</a><a onclick="return
confirm(&#39,确实要删除此订单吗? &#39,)"
id="DataList2_LinkButton1_0"
href="javascript:__doPostBack(&#39,DataList2$ct100$LinkButton1&#39,
,&#39,&#39,)" style=" float:right "><img
src="../images/wddd_14.jpg "></a></div>
                <div class="canshu">
                <div class="canshu1"><a target="_blank"
href="/myshop/myshopxql1263-141.html"
title="          折叠椅
<img
```

图 16-10　越权查看 UserID 为 360 的订单信息

16.1.3　某手机 APP 普通用户可越权查看其他用户个人信息

某手机 APP 查看"个人信息"功能存在平行越权漏洞，可越权查看其他用户个人信息。

步骤一：注册用户并登录后单击"系统设置→个人信息"处查看个人信息，如图 16-11 所示。

图 16-11　查看当前个人用户信息

步骤二：使用 Burp Suite 抓包并修改 studentId 为 188750，提交后服务器返回的其他用户信息如图 16-12 所示。

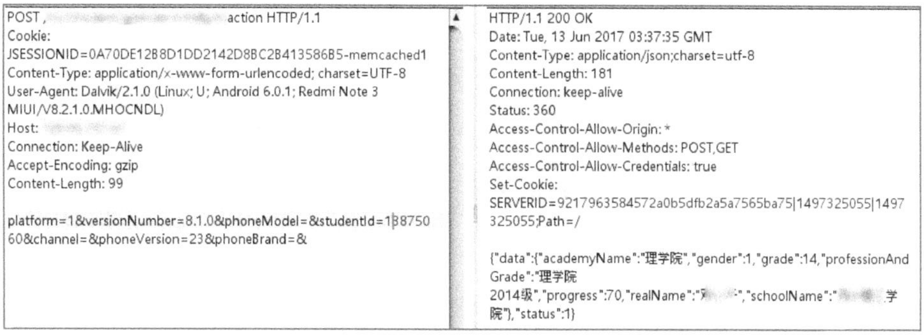

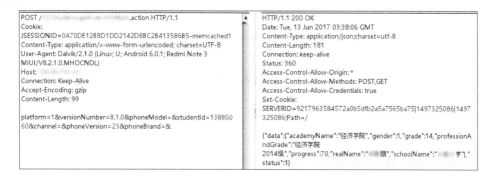

图 16-12　越权查看 studentId 为 188750 的用户信息

步骤三：修改 studentId 为 138850，提交后服务器返回的其他用户信息如图 16-13 所示。

图 16-13　越权查看 studentId 为 138850 的用户信息

16.2　纵向越权

16.2.1　某办公系统普通用户权限越权提升为系统权限

服务器为鉴别客户端浏览器会话及身份信息，会将用户身份信息存储在 Cookie 中，并发送至客户端存储。攻击者通过尝试修改 Cookie 中的身份标识为管理员，欺骗服务器分配管理员权限，达到垂直越权的目的，如图 16-14 所示。

某办公系统存在纵向越权漏洞，通过修改 Cookie 可直接提升普通用户权限为系统权限。

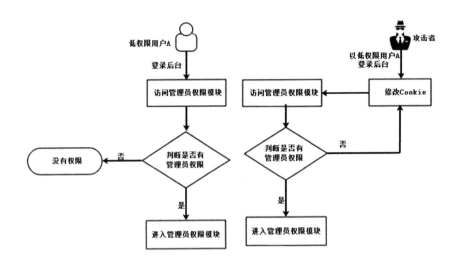

图 16-14 纵向越权流程图

步骤一：使用普通权限账号 a02 登录办公系统，成功登录后访问链接 http://host/aaa/bbb/editUser.asp?iD=2，尝试修改权限。

由于普通用户无法访问修改权限模块，系统会跳转到 NoPower 页面提示用户无操作权限，如图 16-15 所示。

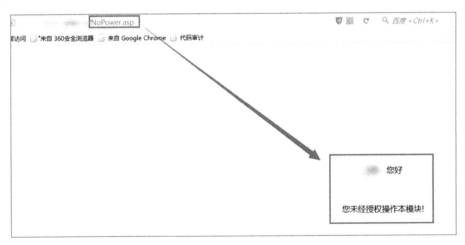

图 16-15 a02 用户没有权限访问该模块

步骤二：使用 Burp Suite 修改 Cookie 中的 Tname 参数为 admin，欺骗服务器该请求为系统管理员发出的，成功提升账号 a02 为系统管理员权限，如图 16-16 所示。

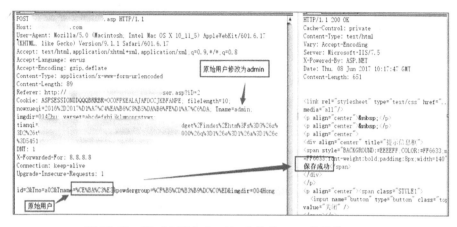

图 16-16　将 a02 用户 Cookie 中的 Tname 修改为 admin

步骤三：再次访问权限修改 modifyuser 页面 http://host/aaa/bbb/editUser.asp?iD=2，如图 16-17 所示可成功访问。

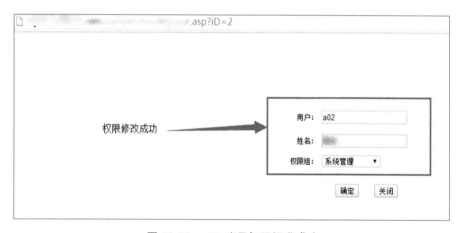

图 16-17　a02 账号权限提升成功

16.2.2　某中学网站管理后台可越权添加管理员账号

攻击者通过删除服务器响应数据包中的跳转 JS 代码，未经身份验证直接进入后台 "添加用户" 页面。然后利用 Cookie 先后添加普通用户 A 与 B，虽然 A 与 B 不能直接修改自己的权限，但 A 与 B 可相互修改对方的权限，因此攻击者利用 A 将 B 的权限修改为管理员权限，并以 B 的身份登录后台，最终实现垂直越权获得管理员权限，如图 16-18 所示。

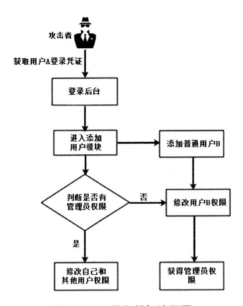

图 16-18　纵向越权流程图

某学校网站管理后台存在越权漏洞，可以越权添加管理员账号。

步骤一：访问登录页面，尝试登录，如图 16-19 所示。

图 16-19　身份认证未通过

访问 http://www.xxx.com/WEB/ABC/addUser.aspx 可直接打开添加用户页面，如图 16-20 所示。

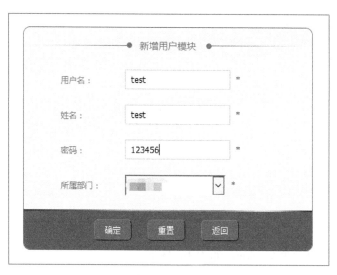

图 16-20　未授权访问新增用户模块

添加账号 test，密码 123456，添加完用户返回首页登录，如图 16-21 所示。

图 16-21　使用新添加的用户登录系统

步骤二：登录成功后，提示没有分配管理权限，然后会强制退出管理系统，如图 16-22 所示。

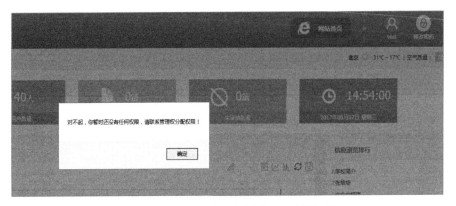

图 16-22　test 用户没有被管理员分配权限

但此时会生成一个 Cookie，如图 16-23 所示。

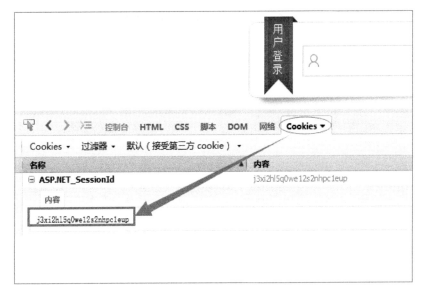

图 16-23　查看 test 用户的 Cookie

步骤三：使用该 Cookie 访问 http://www.xxx.com/WEB/ABC/userList.aspx，可直接打开分配权限的页面。其中 test 用户不能修改自己的权限，但可以修改其他用户的权限。再添加一个新用户 test2，两者可以互相添加权限，如图 16-24 所示。

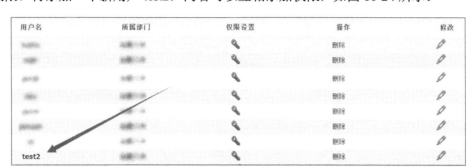

图 16-24　新增另一用户 test2

步骤四：使用 test 账号修改 test2 账号的权限为管理员权限，如图 16-25 所示。

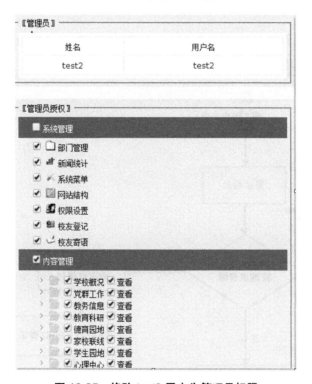

图 16-25　修改 test2 用户为管理员权限

步骤五：使用 test2 账号重新登录，成功进入管理后台，如图 16-26 所示。

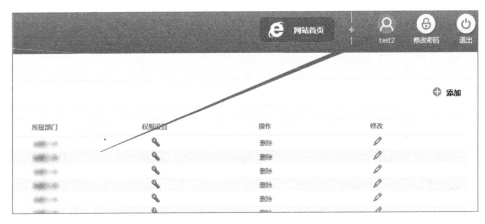

图 16-26　test2 用户成功登录管理员后台

16.2.3　某智能机顶盒低权限用户可越权修改超级管理员配置信息

攻击者以普通管理员身份登录后台，通过搜集信息获得管理员请求数据包进行重放，越权修改超级管理员模块的设置，如图 16-27 所示。

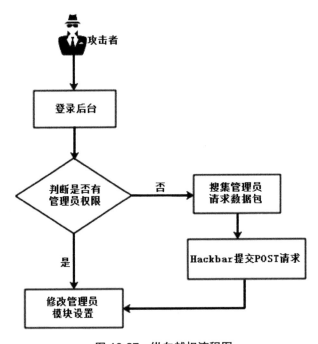

图 16-27　纵向越权流程图

某智能机顶盒设备在后台管理上存在越权漏洞，在同一网络中的任意用户可以利用受影响的页面，越权修改超级管理员的设备配置信息。

步骤一：使用超级管理员登录，配置 user 密码。智能机顶盒设备的超级管理员的账户名和密码为 chinanet/123456，登录后查看该机顶盒的设备信息，如图 16-28 所示。

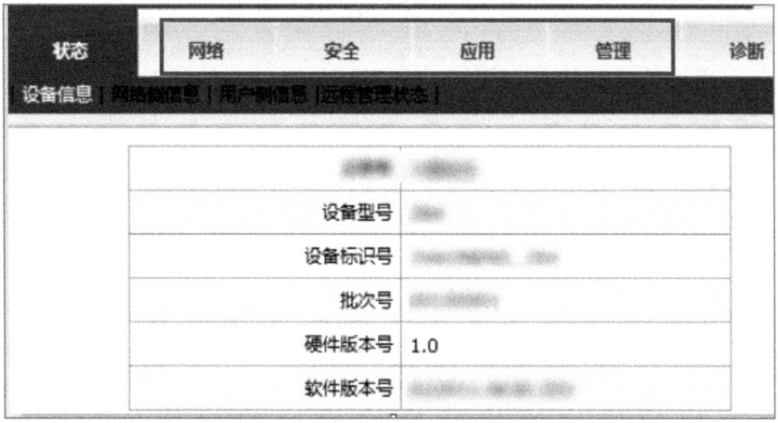

图 16-28　超级管理员登录系统后台

使用超级管理员登录后，在"管理"模块下的"用户管理"中配置 user 用户的密码，如图 16-29 所示。

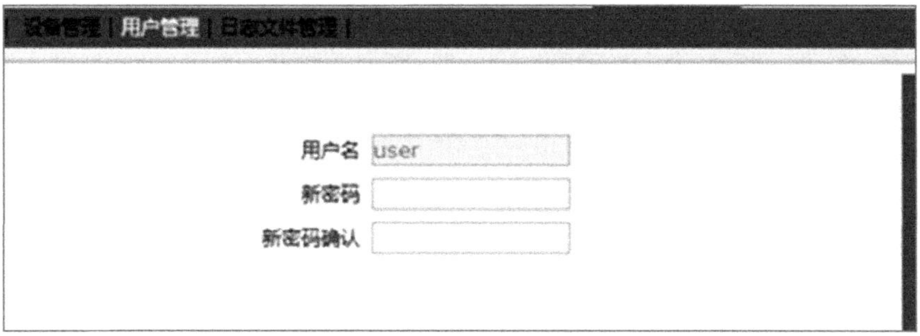

图 16-29　user 用户密码配置

步骤二：使用超级管理员配置 proxy 代理地址，通过超级管理员在"应用"模块下的"proxy 代理"中配置，然后获取相关的测试链接和参数，设置的值如图 16-30 所示。

241

图 16-30　proxy 代理配置

步骤三：通过这次的简单配置后，使用抓包软件进行抓取提交的链接和参数，如图 16-31 所示。

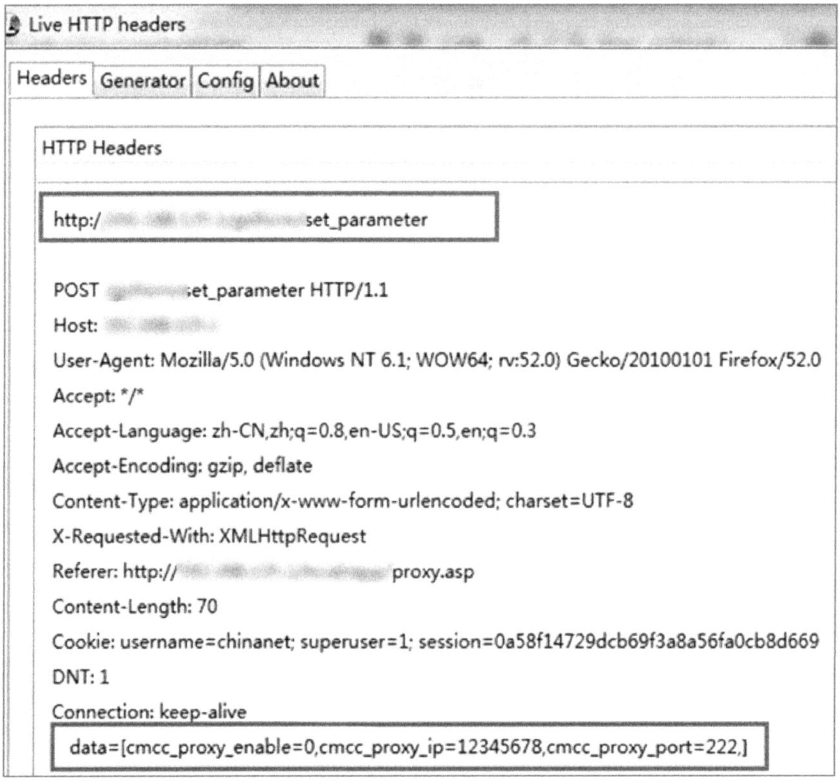

图 16-31　修改 proxy 代理的数据包

步骤四：退出超级管理员，清除浏览器的 Cookie 信息，使用 user 账号登录操作。

与超级管理员相比，user 用户在"应用"模块中只有简单的"日常应用"一项权限，并没有其他的权限，如图 16-32 所示。

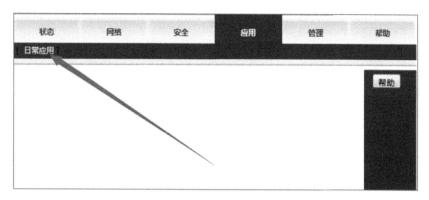

图 16-32　user 用户应用信息

步骤五：利用 user 用户的权限来进行配置以前没有权限配置的 proxy 代理的地址信息，直接使用 hackbar 工具通过 POST 方式提交数据，如图 16-33 所示。

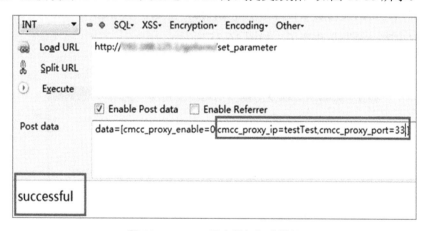

图 16-33　user 用户越权提交数据

通过抓取的数据包可以看出，使用的是 user 用户权限进行提交的，如图 16-34 所示。

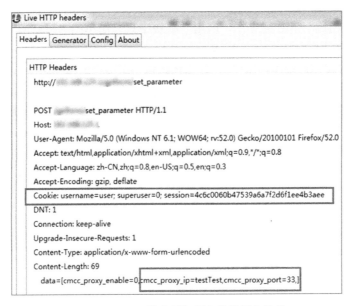

图 16-34　user 用户越权提交的数据包信息

步骤六：再次使用超级管理员 chinanet 账户登录，单击进入"proxy 代理"的配置，此时内容已经发生改变了，如图 16-35 所示。

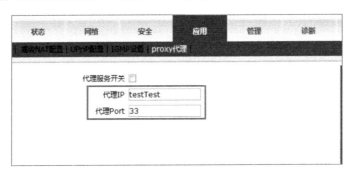

图 16-35　越权提交数据的结果

16.2.4　某 Web 防火墙通过修改用户对应菜单类别可提升权限

攻击者以低权限身份请求登录系统，系统根据 category 参数的值（system.audit）分配权限。攻击者修改 category 值为 system.admin，系统根据 category 值重新分配权限为超级管理员，如图 16-36 所示。

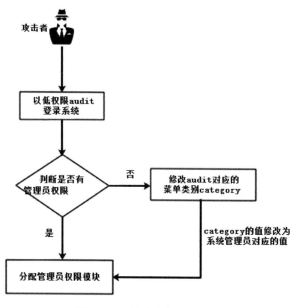

图 16-36　纵向越权流程图

该系统程序对用户权限的控制是限制菜单及功能模块的访问，可以通过修改用户对应的菜单类别的方式来改变用户身份欺骗系统，以达到访问其他权限模块的目的。

步骤一：以 audit 用户身份登录系统，使用 Burp Suite 抓包 category 的值 system.audit 修改为 system.admin，如图 16-37 所示。

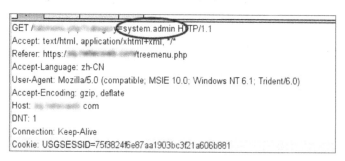

图 16-37　修改 category 参数的值为 system.admin

步骤二：category 值修改以后，单击 Forward，进入管理员管理界面，如图 16-38 所示。

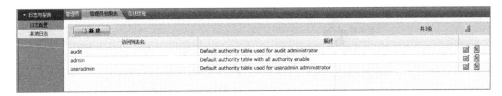

图 16-38　audit 提升为 system.admin 权限

步骤三：将 useradmin 账户权限设置为最大，如图 16-39 所示。

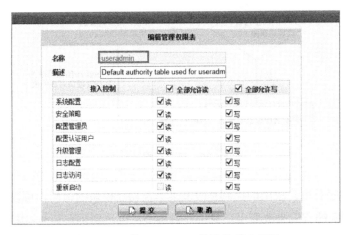

图 16-39　将 useradmin 修改为最大权限

步骤四：使用 useradmin 账户登录系统，useradmin 拥有管理员权限，如图 16-40 所示。

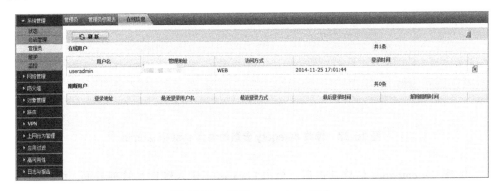

图 16-79　登录 useradmin 账户

16.3　防范越权访问漏洞的相关手段

实现应用程序的完善的访问控制不是件容易的事，越权漏洞防不胜防，本章从越权漏洞相关案例给出以下几点建议：

（1）对于开发者而言，一定要有安全意识，时刻保持警惕。

（2）永远不要相信来自客户端（用户）的输入，对于可控参数进行严格的检查与过滤。

（3）执行关键操作前必须验证用户身份，多阶段功能的每一步都要验证用户身份。

（4）对于直接对象引用，加密资源 ID，以防止攻击者对 ID 进行枚举。

（5）在前端实现的验证并不可靠，前端可以验证用户的输入是否合规，要在服务端对请求的数据和当前用户身份做校验。检查提交 CRUD 请求的操作者（Session）与目标对象的权限所有者（查数据库）是否一致，如果不一致则阻断。

（6）在调用功能之前，验证当前用户身份是否有权限调用相关功能（推荐使用过滤器，进行统一权限验证）。

（7）把属主、权限、对象、操作的场景抽象成一个统一的框架，在框架内统一实现权限的管理和检查。

第 17 章

OAuth 2.0 安全案例总结

17.1 OAuth 2.0 认证原理

Oauth 允许用户让第三方应用访问该用户在某一网站上存储的私密资源（如照片、视频、联系人列表），而无须将用户名和密码提供给第三方应用的协议。

OAuth 2.0 认证流程如图 17-1 所示。原理很简单，用户访问 App，App 访问 Authorization Server 请求权限，Authorization Server 得到用户同意后，返回 Token，App 通过这个 Token 向 Authorization Server 索要数据，App 只能从 Authorization Server 获取服务器数据，而无法直接访问 Resource Server。下面用 Facebook 的 Oath2.0 登录过程作为举例。

步骤一：App 向 Oauth Server 请求的 URL 里面带着该 App 的 id、key、请求的类型、返回一串的 access_token 和事件类型 code。

https://facebook.com/dialog/oauth?response_type=code&client_id=YOUR_CLIENT_ID&redirect_uri=REDIRECT_URI&scope=email

步骤二：回调，跳转到权限确认页面等待用户确认授权。

https://facebook.com/dialog/oauth?response_type=code&client_id=28653682475872

&redirect_uri=example.com&scope=email

该页面通过 redirect_uri，回调到指定的 callback 页面。

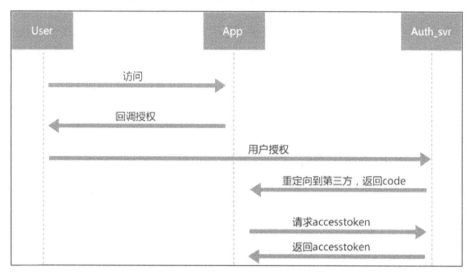

图 17-1　OAuth 2.0 认证流程图

步骤三：利用返回的 access_token，将 App 的 id、key 以及 code 代码发包到 POST https://graph.facebook.com/oauth/access_token。

这一步是为了获取 Token。

步骤四：Oauth Server 返回 Token，这时，就可以通过 Token 获取用户授权的资源了。

资料参考：

- http://oauth.net/2/

- https://www.digitalocean.com/community/tutorials/an-introduction-to-oauth-2

17.2　OAuth 2.0 漏洞总结

17.2.1　某社交网站 CSRF 漏洞导致绑定劫持

某社交网站-百度 OAuth 2.0 认证流程中，没有提供有效的方式来抵抗针对 redirect_uir 的 CSRF 攻击。如果攻击成功，攻击者不需要知道受害用户的账号和密码就可登录受害账号。

某社交网站-百度 OAuth 2.0 认证流程中链接为 https://openapi.baidu.com/oauth/ 2.0/authorize?response_type=code&client_id=foRRWjPq8In3SIhmKQw1Pep3&redirect_ uri=http://www.xxxx.com/bind/baidu/baiduLoginCallBack。

某社交网站并没有加入 state 参数来抵抗针对 redirect_uir 的 CSRF 攻击。如果攻击者重新发起一个某社交网站百度 OAuth 2.0 认证请求，并截获 OAuth 2.0 认证请求的返回：http://www.xxxx.com/bind/baidu/baiduLoginCallBack?code=f056147c661d0b9 fbb6cd305567cb994。

攻击者诱骗已经登录的某社交网站用户单击立即绑定（比如通过邮件或者 QQ 等方式），如图 17-2 所示，网站会自动将用户的账号同攻击者的账号绑定到一起，如图 17-3 所示。

图 17-2　某社交网站-百度账号绑定

图 17-3　百度账号绑定成功

　　修复建议：OAuth 2.0 提供了 state 参数用于 CSRF 认证服务器将接收到的 state 参数按原样返回给 redirect_uri，客户端收到该参数并验证与之前生成的值是否一致。除此方法外也可使用传统的 CSRF 防御方案。

17.2.2　某社区劫持授权

　　以某社区账号登录"微博通"应用的授权页面为例，如图 17-4 所示。

图 17-4　授权页面

http://open.xxxx.cn/oauth/authorize.php?oauth_token=e65d28ab0862cbd517c67c3cc
6f2247e052ad9c22&oauth_callback=http%3A%2F%2Fm.wbto.cn%3A80%2F%3Fc%3D
m_setting%26m%3Dauth%26b%3Dcallback%26pid%3D24%26aid%3D%26wbto%3D16
58628_953c148f2d%26oauth_token%3De65d28ab0862cbd517c67c3cc6f2247e052ad9c22
%26oauth_token_secret%3D2fde10390cd1a2477abaa3dcd44e4b99

其中，oauth_callback 没有与应用的 oauth_token 进行绑定，没有对可用性进行校验，可以修改为任意地址。这里我们把 oauth_callback 的值改为 xxx.org，并没有提示 uri 非法。登录并授权，跳转到了指定的地址，用户的 oauth_token 泄露，如图 17-5 所示。

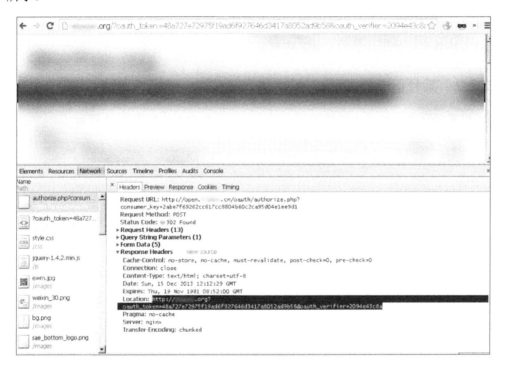

图 17-5　跳转到 xxx.org

修复建议：请遵循 OAuth 协议规范，将应用的 oauth_token 与 oauth_callback 绑定，对 oauth_callback 进行有效性校验。

17.3　防范 OAuth 2.0 漏洞的相关手段

关于防范 OAuth2.0 漏洞的安全建议如下。

（1）绑定劫持安全建议

OAuth 2.0 提供了 state 参数用于防御 CSRF。认证服务器接收到的 state 参数按原样返回给 redirect_uri，客户端收到该参数并验证与之前生成的值是否一致。

（2）授权劫持安全建议

用户授权凭证会由服务器转发到 redirect_uri 对应的地址，如果攻击者伪造 redirect_uri 为自己的地址，然后诱导用户发送该请求，之后获取的凭证就会发送给攻击者伪造的回调地址。攻击者使用该凭证即可登录用户账号，造成授权劫持。正常情况下，为了防止该情况出现，认证服务器会验证自己的 client_id 与回调地址是否对应。常见的方法是验证回调地址的主域。

第 18 章

在线支付安全案例总结

目前网络在线消费和支付，已遍布人们生活的衣食住行等各个方面，比如网上商城在线购物、水电燃气在线缴费、手机话费在线充值等。由于在线消费和支付过程中涉及真金白银，一旦存在漏洞，将会带来重大的经济损失。

18.1　某快餐连锁店官网订单金额篡改

篡改订单金额的流程如图 18-1 所示。

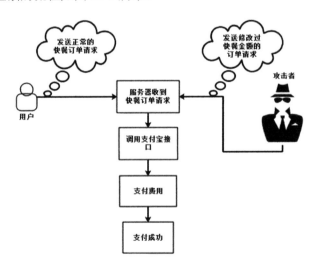

图 18-1　篡改订单金额流程

步骤一：登录某快餐连锁官网，选择快餐后，显示要支付的金额 46 元，在 Chrome 浏览器中，按 F12 快捷键，在浏览器下方弹出开发者工具，选择最左侧的箭头，如图 18-2 所示。

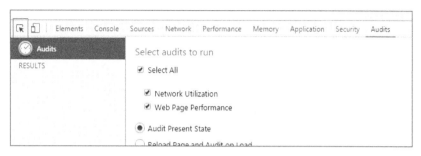

图 18-2　调用开发者工具

步骤二：单击已输入金额 46 元的地方，可以看到该处 HTML 代码如图 18-3 所示。

```
<input type="hidden" name="donation" id="donation" value>
▼<form name="alipaysubmit" id="alipaysubmit" method="post" action=              ction/alipay.jsp" target="_blank">
   <input type="hidden" name="iorderid" value="14916538">
   <input type="hidden" name="storecode" value="HZH271">
   <input type="hidden" name="seller_email" value='                    hina@yum.com">
   <input type="hidden" name="total_fee" id="alipay_fee" value="46.0">
</form>
▼<form name="alipayyinhang" id="alipayyinhang" method="post" action=           eringAction/alipay_yinhang.jsp" target="_blank">
   <input type="hidden" name="yinhangCode" value="HZCBB2C">
   <input type="hidden" name="iorderid" value="14916538">
   <input type="hidden" name="storecode" value="HZ
   <input type="hidden" name="seller_email" value='                ipay.China@yum.com">
   <input type="hidden" name="total_fee" id="yinhang_fee" value="46.0">
</form>
```

图 18-3　查看金额部分 HTML 代码

步骤三：把金额 46 元修改为 0.01 元，如图 18-4 所示。

```
<input type="hidden" name="donation" id="donation" value>
▼<form name="alipaysubmit" id="alipaysubmit" method="post" action=              ringAction/alipay.jsp" target="_blank">
   <input type="hidden" name="iorderid" value="14916538">
   <input type="hidden" name="storecode" value="HZH271">
   <input type="hidden" name="seller_email" value="          Alipay.China@yum.com">
   <input type="hidden" name="total_fee" id="alipay_fee" value="0.01">
▼<form name="alipayyinhang" id="alipayyinhang" method="post" action=         deringAction/alipay_yinhang.jsp" target="_blank">
   <input type="hidden" name="yinhangCode" value="HZCBB2C">
   <input type="hidden" name="iorderid" value="14916538">
   <input type="hidden" name="storecode" value="HZH271">
   <input type="hidden" name="seller_email" value="          Alipay.China@yum.com">
   <input type="hidden" name="total_fee" id="yinhang_fee" value="46.0">
</form>
```

图 18-4　修改快餐实际金额

步骤四：调用支付宝接口，可以用 0.01 元购买价值 46 元的快餐，如图 18-5 所示。

图 18-5　通过支付宝进行支付

18.2　某网上商城订单数量篡改

篡改订单数量的流程如图 18-6 所示。

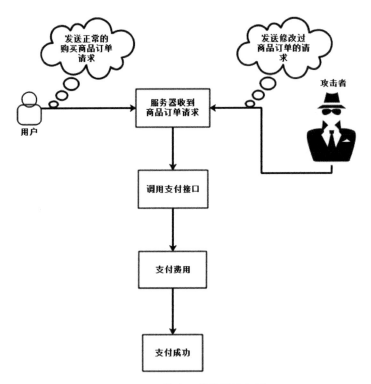

图 18-6　篡改订单数量流程图

步骤一：在某网上商城购买商品，在购物车中填入购买数量时，可以填入负数，如图 18-7 所示。

图 18-7　将物品一的数量修改为负数

步骤二：通过填入负数，服务器端会进行数量相加，运算过程及结果是 -1*55+1*59=4 元，因此造成支付漏洞，如图 18-8 所示。

图 18-8　最终支付金额

18.3　某服务器供应商平台订单请求重放测试

订单请求重放测试流程如图 18-9 所示。

步骤一：在某服务器供应商平台上购买服务器资源，购买时通过抓包并进行多次重放测试,有 90%的概率发生购买服务器价格为 0 元的情况,订单如图 18-10 所示。

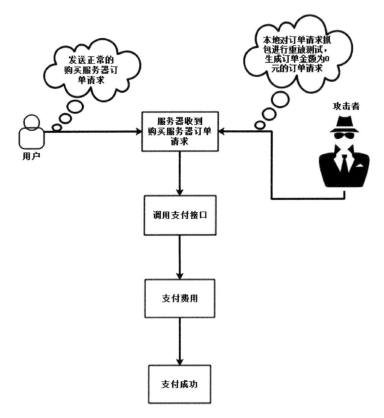

图 18-9　订单请求重放测试流程图

订单号	产品	支付方式	类型	价格	创建时间	支付状态
23743	社区网站E型	按年购买	购买	25300.00元	2011-10-15 03:16:13	已废弃 【支付｜撤销】
23741	社区网站E型	按年购买	购买	25300.00元	2011-10-15 03:16:02	已废弃 【支付｜撤销】
23737	社区网站E型	按年购买	购买	25000.00元	2011-10-15 03:15:50	已废弃 【支付｜撤销】
23481	社区网站E型	按年购买	购买	25000.00元	2011-10-15 02:24:05	已废弃 【支付｜撤销】
23475	社区网站E型	按年购买	购买	25000.00元	2011-10-15 02:23:37	已废弃 【支付｜撤销】
22761		按年购买	购买	0.00元	2011-10-15 01:01:19	已支付 【支付｜撤销】
	社区网站A型	按年购买	购买	2990.00元	2011-10-15 00:58:55	未支付 【支付｜撤销】

图 18-10　购买订单

步骤二：服务器可以进行管理和运行，如图 18-11 所示。

运行中	系统初始化中，请稍候		
运行中	系统初始化中，请稍候		
运行中	管理	续费	升级
运行中	管理	续费	升级
运行中	管理	续费	升级
运行中	管理	续费	升级
运行中	管理	续费	升级
运行中	管理	续费	升级

图 18-11　购买后的服务器运行状态

18.4　某培训机构官网订单其他参数干扰测试

订单其他参数干扰测试流程如图 18-12 所示。

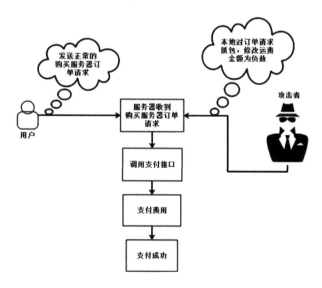

图 18-12　订单其他参数干扰测试流程

步骤一：在某培训机构官网上进行课程报名，同时利用抓包工具抓包，直接修改金额发现无法修改成功，因为该参数是直接和 schoolid 绑定的。

通过观察和测试发现，订单中的配送方式参数可以利用，且运费金额可以修改，但该参数的数值在服务器端会有验证，课程费用和配送运费不能低于 0，否则订单无法成功提交。

步骤二：接下来重新选择一门课程，课程的价格是 1700 元，同时将运费修改为 -1699 元，两者相加最终费用为 1 元，如图 18-13 所示。

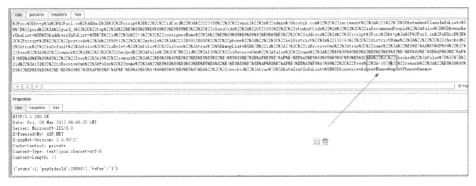

图 18-13 抓包并修改运费

步骤三：订单成功提交，提示应付金额为 1 元，如图 18-14 所示。

图 18-14 订单成功提交提示

步骤四：可以在历史订单里发现，该订单已提交成功，只需付款 1 元即可生效，如图 18-15 所示。

图 18-15　成功提交的订单历史截图

18.5　防范在线支付漏洞的相关手段

在线支付对广大消费者和商家来说日益重要，稍有不慎就会给商家带来经济损失，为了减少或者避免在线支付环节中的业务安全问题，希望商家采取以下措施进行预防。

（1）针对订单金额篡改的预防措施

将订单中的商品价格封装为码表形式，即每个商品拥有一个 ID，每个 ID 对应一条相应的价格。用户访问前台选择商品并提交，服务器端验证商品 ID，然后计算商品总额并生成订单。

（2）针对订单数量篡改的预防措施

- 在服务器端判断提交商品 ID 中数量参数值不低于 0，如果数量参数值低于 0，则直接提示错误信息，让客户修正。

- 通过数据类型判断正确后，同时判断商城库存对应商品的剩余量，如果剩余量低于商品的购买数量，则直接提示错误信息，让客户修正。

261

（3）针对订单请求重放测试的预防措施

无论支付成功还是失败时，使用的订单编号必须唯一，并且永久记录订单编号，不允许二次使用。

（4）针对其他参数（如运费）干扰测试的预防措施

在服务器端判断订单中运费参数值不低于 0，如运费参数值低于 0，则直接提示错误信息，让客户修正。